甜橙优质高产栽培

主　编

彭成绩

编著者

彭成绩　唐小浪

李志强　易干军

金盾出版社

内 容 提 要

　　本书由广东省农业科学院果树研究所彭成绩副研究员等编著。内容包括：甜橙的特性，甜橙适宜的生态条件与生产区划，我国甜橙的种类和优良品种，甜橙苗木的培育，甜橙果园的建立，甜橙的果园管理技术，提高甜橙商品质量的栽培技术要点，甜橙主要病虫害防治，甜橙的采收、分级、贮藏保鲜与加工。内容全面系统，技术科学实用。适合果农、园艺工作者和农林院校师生阅读。

图书在版编目(CIP)数据

　　甜橙优质高产栽培/彭成绩等编著．—北京：金盾出版社，1994.8

　　ISBN 978-7-80022-876-6

　　Ⅰ．甜…　Ⅱ．彭…　Ⅲ．橙子-栽培　Ⅳ．S666.4

金盾出版社出版、总发行

北京太平路 5 号(地铁万寿路站往南)
邮政编码：100036　电话：68214039　83219215
传真：68276683　网址：www.jdcbs.cn
封面印刷：国防工业出版社印刷厂
正文印刷：北京天宝印刷厂
装订：海波装订厂
各地新华书店经销
开本：787×1092 1/32　印张：4.5　字数：99 千字
2008 年 4 月第 1 版第 8 次印刷
印数：74001—84000 册　定价：9.00 元

目　　录

第一章　甜橙的特性

第一节　甜橙的形态特征

甜橙树为常绿小乔木,树冠圆头形,树势中等,分枝较密、紧凑,小枝有棱角。叶片中等大,长椭圆形,叶尖稍窄。叶柄较短,叶翼小。花为单花或总状花序,白色,花瓣5片,雄蕊20～25枚,子房近圆球形,具10～13室。果实圆球形至长圆形,果皮淡黄、橙黄至淡血红色,较光滑,也有的果皮上有明显的"柳纹",果顶印圈有或无,有的果顶有脐状突出。油胞平或微突。果皮与果肉不易分离,囊瓣10～13片,难分离。果肉橙黄、橙红或血红色。果肉柔软多汁,风味浓郁,有香气。果心小而实。种子数依品种不同而异:无籽、少籽或多籽。种子卵形或长纺锤形,白色,多胚。

第二节　甜橙的生长特性

一、根　系

甜橙的根系是树体的重要组成部分,它的主要作用是从土壤中吸收养分和水分,并固定树体。根系的分布状况、生长发育与地上部的生长发育以及开花结果有着密切的关系。只有培养健壮强大的根系,才能夺取甜橙的早结、丰产、优质。

甜橙根系的分布、生长,因繁殖方法、农业技术措施和环境条件不同而有差异,其中土层深浅和地下水位高低,对根群的分布和生长影响最大。

　　用实生和嫁接繁殖的甜橙根系比用扦插和压条繁殖的根系发达；用酸橘和红橘作砧嫁接的甜橙根系比用枳和红檬檬作砧嫁接的甜橙根系强大，分布较深。种在土层深厚、土壤肥沃、地下水位低的果园的甜橙，其根系分布宽度可达树冠的2～3倍以上，深达1米以上，但在表土以下10～60厘米的土层分布较多。这种强大的根系吸收面积大，养分充足，树冠速生快长，枝叶茂盛，抗逆性强，可获得高产稳产。而种在土层浅薄、瘦瘠、地下水位较高的果园的甜橙，根系分布浅，一般在30～60厘米深的土层中，根的吸收面积小，易出现养分紧缺，对土壤的温湿度变化敏感，易遭风害，抗逆性差，需及时精细管理。

　　根据甜橙根系的分布状况，可分为垂直根和水平根两种（图1之1，2）。这两种根的生长发育状况对幼树的生长发育有很大的影响。垂直根的抢先发育，抑制了水平根的生长，形成徒长性根系，往往导致地上部的徒长贪生，枝条直立，延迟开花结果。水平根发育良好，须根多，吸收养分能力强，树冠较开张，有利于植株从营养生长向生殖生长转化，因而能早结、丰产。因此，在已定植的甜橙园中要注意水平根系的培育，尤其是丘陵旱地果园，应抓紧幼年树定植后的扩穴改土，提高表土肥力，以利水平根系的扩展，提早结果。水田甜橙果园则要注意每年铺两层农家肥和培土1次，培养强大的水平根系，以达到高产、稳产、树体长寿的目的。

　　甜橙和其他柑橘一样，是内菌根植物，在土壤中一般无根毛。根的吸收功能主要靠与其共生的真菌进行吸收活动。真菌能供给根群所需的无机营养和水分，同时真菌又从根上吸收所需的养分。菌根需要有机质丰富、通透性好的土壤，才能促进菌根对甜橙的有利作用。

根群在土壤中生长和吸收水分养分,需要适当的土壤温度、水分和氧气。当土温在12℃左右时,甜橙根系开始生长,适宜的生长温度为23～31℃,这时根系的吸收功能最好,生长迅速;当土温降至19℃以下时,根的生长缓慢。在9～10℃时根仍能吸收氮素及水分,但在7.2℃以下则失去吸收功能。土温达37℃以上时,根系停止生长。土温达40～45℃时,根群便会死亡。土壤水分以田间持水量60～80%为最合适,水分过少,易出现干旱,造成落叶,影响生长,以至死亡。水分过多,则出现缺氧现象,导致烂根,也会造成落叶以至浸死植株。土壤氧气含量在8%以上,最适于根系的生长发育,低于2%时,只能维持根系缓慢的生长,低于1.5%时便会引起根系死亡。因此,栽培上要采取适当的农业措施,增施农家肥、改良土壤,并调节土壤的水分、空气,促进根群的生长。

幼年树根系在一年中一般有3次生长高峰,并与枝梢生长高峰成相互消长。根系第一次生长高峰在春梢抽发后至夏梢萌发前,发根量最多;华南冬春温暖,土壤温湿度较高,发春梢前已开始发根。第二次生长高峰是在夏梢萌发后,发根量较少。第三次在秋梢停止生长后,发根量较多。成年结果树的根系生长与当年结果量有很大关系,结果量多,新根生长较弱。可以通过抹芽控梢、修剪,调节结果量及合理的肥水管理,使根系与地上部的枝梢,开花结果得到均衡发展,夺取高产稳产。

二、芽和枝梢

(一)**芽** 甜橙的芽为裸露的复芽,每1叶腋内着生2～4个芽,分主芽和侧芽。通常只在枝梢上部2～3个叶腋中的主芽萌发新梢。新梢生长到一定的程度以后,嫩梢的顶端会自行脱落,这种现象称为"自剪"。新梢萌发后如果摘除或死亡,同一叶腋的芽或附近节位的芽便会萌发,可以利用这一特性进行"抹芽控梢"。在老枝和主干上具有潜伏芽,截断部分主枝或主干,潜伏芽能萌发出新枝梢,起到更新树冠的作用。

(二)枝梢　　枝梢是树冠的主要组成部分,分主枝、侧主枝、侧枝和小枝(图1之5,6)。小枝是着生叶和开花结果的主要部分。枝梢依其发生时期可分为春梢、夏梢、秋梢和冬梢;按其功能可分为营养枝、结果枝和结果母枝;按一年中同一枝条抽梢次数可分为1次梢,2次梢,3次梢。现分述如下:

1. 按枝梢发生时期区分

(1)春梢　一般指2～4月(立春后至谷雨)抽生的新梢。春梢萌发的时间因纬度的高低而有差异,广东南部比北部早10～15天,华南地区比华中地区早1个月左右。由于春季气温较低,致使春梢生长较缓慢,节间较短,叶片较小,先端较尖(图2之1)。春梢是发生夏、秋梢的基

图1　甜橙树的主要部分

1.垂直根　2.水平根　3.根颈
4.主干　5.主枝　6.侧枝

础。在老树或结果多的树上,也可能成为翌年的结果母枝。春梢发生的数量和质量,除了当年的气候因素外,主要取决于上一年树体的营养状况。如果营养积累充足,则春梢发生的数量多、质量好,为早结、丰产、稳产打下良好的基础。

(2)夏梢　指5～7月(立夏至大暑)抽生的新梢。夏梢的

生长与温度、湿度、树龄、树势和挂果量等因素关系很大。夏季高温多雨,幼年树、壮旺树和挂果少的树可萌发2次夏梢(图2之2),而老树、弱树和结果多的树则少萌发或基本无夏梢。夏梢生长快,组织不充实,易受病虫为害。幼年树可以利用夏梢来培养树冠,为早结、丰产打基础。初结果树和成年结果树一般都要抹除夏梢,以免与幼果争夺养分而引起落果。衰老树可以利用夏梢更新树冠,但在秋季干旱、气温较低、秋梢发育不良的地区,可培育晚夏梢作为翌年的结果母枝。

(3)秋梢 指8～10月(立秋前后至寒露前)抽生的新梢。秋梢萌发期由于气温较高,雨量适宜,故秋梢的生长速度,枝梢形态介于春梢和夏梢之间(图2之3)。良好的秋梢是翌年主要的结果母枝。目前,栽培上多

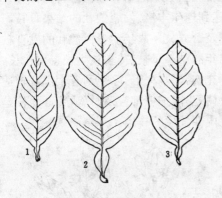

图2 甜橙的叶片
1.春梢的叶 2.夏梢的叶 3.秋梢的叶

采用抹芽控梢和合理施肥等措施放好秋梢。成年结果树以放早秋梢(8月梢)作为结果母枝质量最好。在中亚热带地区,9月发生的秋梢因气温偏低,枝梢不充实,不能形成花芽,没有利用价值。在南亚热带地区,青壮年树过早放秋梢,有可能诱发冬梢,影响翌年开花结果,而10月发生的晚秋梢因发育期短,质量也差,只有在暖冬年份才有可能成为结果母枝。因此,各地需要根据本地区的气候特点、树龄、结果情况等因素,掌

握好促发秋梢的时期,使它们成为翌年良好的结果母枝。

(4)冬梢 指11~12月(立冬至冬至)抽生的新梢。在华南地区,甜橙的幼年树及秋梢放得过早的壮旺树一般较易抽生冬梢。因冬季气温低,冬梢无法生长良好,不能成为结果母枝。如零星萌发应及时摘除,也可适当使用多效唑抑制冬梢。

2.按枝梢功能区分

(1)营养枝 指当年不开花结果的枝梢,包括发育枝、徒长枝、纤弱枝。甜橙树需要相当数量的营养枝来维持树体生长和平衡生殖生长,才能达到连年丰产。发育健壮的结果母枝同时能萌发良好的结果枝及营养枝。成年甜橙树健壮的发育枝相当部分可能成为第二年的结果母枝。徒长枝生长特别粗长,叶片大,节间长,枝条不充实,影响树形,除个别着生部位较适宜用作更新枝条或扩大树冠外,一般都应及时剪除。纤弱枝是弱树或过于荫蔽的树冠内部发生的枝条。

图3 甜橙的几种结果枝

1.无叶顶花果枝 2.有叶顶花果枝 3.腋花果枝 4.无叶花序枝
5.有叶花序枝

(2)结果枝 由结果母枝顶端一至数个芽萌发、着生花果的枝梢。甜橙的结果枝一般分为两大类:花和叶俱全的称有叶结果枝,包括有叶顶花果枝、腋花果枝和有叶花序枝(图3之

2,3,5);有花无叶的称无叶结果枝,包括无叶顶花果枝、无叶花序枝(图3之1,4)。幼年树和壮旺树抽发有叶结果枝较多,老年树和弱树抽发无叶结果枝较多。有叶结果枝具有营养生长和结果的作用,坐果率较高。

(3)结果母枝 是萌发结果枝的枝条。甜橙因气候条件、树龄、树势、砧木、结果量和栽培管理情况不同,而以春、夏、秋梢作为结果母枝的比例有一定差异。四川的成年甜橙树均以春梢为主要结果母枝。四川江安4～6年生枳砧的伏令夏橙树,以春梢、春秋梢和秋梢为主要结果母枝,而6年生的红橘砧伏令夏橙树则以春秋梢作为主要结果母枝。华南大部分地区的幼年结果树,均以秋梢为主要结果母枝;但秋旱山地则以晚夏梢为主要结果母枝;盛果期的丰产树春梢和夏梢或秋梢都是主要结果母枝;老年树则以春梢为主要结果母枝。

3. 依同一枝梢在一年中发梢次数区分

(1)1次梢 指在一年中只抽生1次的枝梢,如只抽生1次春梢或夏梢或秋梢,以只抽生1次春梢为多数。成年树只抽生1次春梢的,它们既是当年的营养枝,又可能是翌年主要的结果母枝。

(2)2次梢 是指在春梢上抽生的夏梢或秋梢,或夏梢上抽生的秋梢。如在春梢上萌发较多的夏梢,组织不充实,或受病虫危害较严重,就可能影响到抽生秋梢的数量和质量,致使来年开花结果少。幼年结果树要采取适当的控夏梢措施,以便放好秋梢。这种优良的2次梢由于健壮充实,在翌春能萌发大量的结果枝和营养枝。

(3)3次梢 是指在一年中连续抽生春、夏、秋梢或在春梢上连续抽生2次秋梢。幼年未结果甜橙树,一般一年中都要抽生3次新梢,在南亚热带高温多雨的地区,一年可以抽生4

~5次枝梢。

第三节　甜橙的开花结果习性

一、花芽分化

甜橙的花芽分化经过由生理分化到形态分化的过程。花芽分化一般指形态分化。当树体内的碳水化合物积累到一定程度时进行生理分化，芽体内发生质的变化。生理分化过程一般在采果前完成。甜橙的形态分化，据刘孝仲等研究，可分为6个阶段(图4)。

形态分化的时期，一般在果实成熟后开始至翌年萌芽前结束。据广东省农科院果树研究所研究结果表明：广东甜橙的花芽形态分化开始期是在11月上旬，大量分化期在11月下旬至12月上旬，结束期在翌年1月下旬。福建雪柑花芽形态分化期是12月末至翌年2月末。四川甜橙花芽形态分化期在11月中

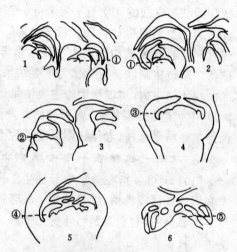

图4　甜橙花芽分化(仿刘孝仲等)
1.分化前期,生长点比较尖　2.形成初期,生长点顶端变平,横径继续扩大并伸长　3.萼片形成期,花萼原始体出现　4.花瓣形成期,萼片内部花瓣原始体出现　5.雄蕊形成期,花瓣内雄蕊原始体出现
6.雌蕊形成期,雌蕊原始体出现
①生长点　②花萼原始体　③花瓣原始体
④雄蕊原始体　⑤雌蕊原始体

下旬开始,分化盛期是在 12 月 20 日以后(表1)。

表1 甜橙花芽分化时期

品　种	分　化　时　期	地　点
暗柳橙	11 月上中旬至翌年 1 月下旬	广州石牌
雪　柑	12 月 30 日至翌年 2 月 28 日	福建福州
雪　柑	1 月 6 日至 2 月 3 日	台湾士林
甜　橙	11 月 20 日至翌年 1 月上旬	四川重庆

甜橙的花芽分化期是一个复杂的过程,适当控水、环割、断根和抑制营养生长对诱导花芽分化都有良好的效果,能提高细胞液浓度,降低赤霉素活性,提高脱落酸水平,增加营养物质的积累,促进花芽分化。据观察,在花芽分化期控水至叶片中午微卷,早上恢复正常,经历 2 周左右,有利于花芽分化。广东甜橙幼年结果树,在 12 月上旬天气晴好时环割,对促进花芽分化的效果也很显著。健壮的树势和结果母枝是花芽分化和花器发育良好的重要保证,故平时就要落实好各项农业措施,特别要做好秋后的管理工作。要使秋梢及时停止生长和充实,并防止抽发冬梢;分期采果,采果前后及时施肥以迅速恢复树势;及时防治病虫害,保叶过冬。

二、开花坐果

甜橙正常的花由 9 部分组成,称完全花(图5)。这种花各器官发育良好,柱头和花柱不露出花瓣外,坐果率较高。某些器官发育不正常的花称畸形花,例如露柱花、小型花、扁苞花和雌蕊退化花。花器的发育与树体养分状况和冬春的气候关系很大。

甜橙花的生长发育期包括蕾期、初花期、盛花期和谢花期。甜橙一般在春天开花,但开花时期的迟早,持续时间,因地区、气候、品种不同而异。广东的甜橙一般在 3 月上旬开花,花期为 30～40 天,盛花期 10～15 天。四川江津的甜橙初花期在 3 月底至 4 月中旬,花期 10 天左右。四川江安伏令夏橙的花蕾期为 2 月中旬至 4 月上旬(约 2 个月),初花期为 4 月中旬,盛花期仅 5～7 天,谢花期为 4 月底。福建的雪柑初花期在 3 月下旬至 4 月上旬,

图 5 甜橙正常花模式图
1. 花梗   2. 萼片   3. 蜜盘
4. 柱头   5. 花柱   6. 子房
7. 花药   8. 花丝   9. 花瓣

谢花期为 4 月中下旬。而湖南的甜橙 4 月中旬才开花。同一品种在不同地区的花期也不同。脐橙在广西桂林地区 3 月中旬至 4 月上旬现蕾,4 月中下旬开花,盛花期仅 4～5 天,而在湖南长沙 4 月上中旬现蕾,盛花期在 4 月中下旬至 5 月初。

甜橙的花不是每一朵都能坐果,坐果率因品种而有差异,一般为 0.4～0.5%。据统计,华盛顿脐橙和伏令夏橙的坐果率分别为 0.2% 和 1%。四川江安县安乐果场,1983 年调查了不同砧木伏令夏橙的坐果率,甜橙砧的为 1.2%,枳砧的为 0.74%,红橘砧的为 0.74%,总平均为 0.89%。又据华南农业大学 1956 年对广东甜橙的坐果率调查,健壮树为 5.46%,中等树为 2.6%,衰弱树为 0.15%。脐橙和伏令夏橙的坐果率较低,主要原因之一是脐橙和伏令夏橙的花量特别大,消耗养分多,且是无籽和少籽品种,幼果无法从种子获得较充足的植物激素,因而影响了坐果率。甜橙的落花落果率大致为:落蕾落花占总花量的 46～91.7%,第一次生理落果占总花量的 5.4～38.7%,第二次生理落果占总花量的 1～8.3%。第一次生理落果在谢花后 7 天左右开始,落果连果萼和果柄一起脱落,

此时,果横径为 4～7 毫米,持续 10～15 天。第一次生理落果主要是由于授粉受精不良引起。在谢花后 25～30 天开始第二次生理落果。此时,幼果不带果梗从蜜盘处脱落,横径多在 7 毫米以上,以 10～15 毫米的较多。第二次生理落果主要是由于幼果养分不足引起。例如,春梢过旺和夏梢大量发生,与幼果争夺养分而造成果实提前脱落。一般谢花后 80 天左右,果实横径在 2.5 厘米以上,种子形成时抽吐夏梢不会引起落果。除了生理落果以外,还有采前落果,此时果实较大,如落果严重,对产量影响较大。

三、果实生长发育

甜橙的果实由子房发育而成。果实上连接果柄的部分称为果蒂,果蒂的一端称为果基,相对应的一端称为果顶。果实由果皮、果肉和种子 3 部分组成。果皮由外果皮和中果皮组成。外果皮由子房壁发育而成,它的表面布满油胞。中果皮由子房中壁发育而成,通常白色,故又称白皮层。果肉由子房内壁发育而成,称囊瓣,内含汁胞和种子。囊瓣是果实的主要食用部分。囊瓣壁上的维管束称橘络。连接果蒂,贯穿于果实中心的海绵柱状维管束称果心(图 6)。种子由胚珠发育而成,属多胚。果实种子有多籽、少籽或无籽之分。甜橙果实的发育过程分为细胞分裂期、细胞增大期和成熟期。

(一)细胞分裂期 自开花时起至第二次生理落果结束时止。这个时期的特点是果实各部分组织,特别是果皮和砂囊细胞反复分裂以增大果实,但实际上是细胞核数量的增加,果实体积和重量增加缓慢,而果皮(主要是白皮层)增厚的速度较其他组织快。到细胞分裂末期果皮厚度约占全果横断面的 2/3。细胞分裂期,甜橙小果的干物质迅速增加,含水量较低。这个时期需要较完全的有机、无机营养,主要来源于树体

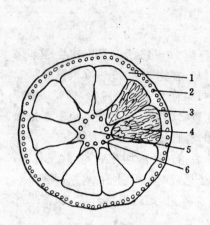

图6 甜橙果实横切面
1.果皮 2.油胞 3.瓢囊 4.砂囊
5.果心 6.维管束

的贮藏养分,但也需作必要的补充。因此,重视前一年秋冬季的栽培管理以及春季适施肥水,合理喷施植物生长调节剂,对增加幼果细胞分裂数和促进幼果增大效果显著。

（二）细胞增大期

从第二次生理落果结束起,到10月上中旬果实开始着色为止。这个时期的特点是果实各部分的细胞迅速增大,果实体积增长快。这个时期出现两个高峰。第一个高峰是果实的白皮层和砂囊开始增大,主要是细胞质的增加。此时果实含水量逐渐增加,蛋白质氮增加迅速,核糖核酸含量也较高,对营养的需求量较大,如能保证充足的养分,果实增大快。但此时也出现夏梢与幼果争夺养分的矛盾,因此,要及时抹除夏梢,保证幼果增长。第二个高峰是汁液增加期,汁胞含水量迅速增加,故又称上水期。由于汁胞含水量的迅速增加,果园的水分供应必须保证,否则,影响果实的增大。随着果实的增大,可溶性固形物也不断积累,提高了果汁的渗透压,增加了从外部吸水的能力,从而增加了果汁量。此期果实吸收氮磷钾钙镁的数量最大,尤其氮钾更加明显,栽培上要满足果实的需要,才能使果实得到充分的生长发育。

（三）果实成熟期 从10月上旬果实开始着色到完全成熟的过程为成熟期。成熟过程中发生一系列的变化。

1. **果皮着色**　未成熟果实的果皮能进行光合作用和其他复杂的合成作用,其合成产物可维持果实本身呼吸作用的消耗。果实未成熟时由于叶绿素新陈代谢旺盛,其绿色遮盖了类胡萝卜素,因而不能显示出各品种果实成熟时的固有色泽。但临近成熟时,气温降低,叶绿素不再合成,只有分解,果皮绿色逐步减少;与此同时类胡萝卜素的合成增多,使果皮显现出橙黄或橙红色。果皮的着色,以日温20℃左右,昼夜温差13~15℃最好。温度上升着色延迟,日温30℃着色不良。

2. **组织软化**　果实成熟期组织的软化是由于果胶质的分解作用,使在果实生长期中含有的原果胶,在原果胶酶的分解下逐步变为可溶性果胶,使细胞彼此容易分离,组织松散软化。果胶的分解和乙烯的生成有很大关系,当组织生成乙烯时,组织中的原果胶便分解成可溶性果胶。

3. **可溶性固形物和糖增加,酸减少**　果汁中的可溶性固形物主要是糖类以及盐类、有机酸、可溶性蛋白和果胶等。果汁中的有机酸主要是柠檬酸以及少量的苹果酸和酒石酸。果实在成熟过程中,有机酸逐渐减少,可溶性固形物和糖则逐渐增加。甜橙的可溶性固形物中有80~90%是糖,所以风味的改良主要是取决于含糖量的增加。不同品种可溶性固形物的糖酸含量有差异,因而风味不同。一般糖酸比越大,风味越甜。例如广东的新会甜橙、暗柳橙含全糖量为11~15%,酸0.3~0.6%,糖酸比为20~40:1;湖南的冰糖橙(冰母2号)全糖量为11.8%,酸0.6%,糖酸比为19.6:1;四川江安6月采收的伏令夏橙全糖量为8.6%,酸0.9%,糖酸比为9.6:1,而3月采收的全糖量7.87%,酸1.27%,糖酸比为6.6:1。另外,成熟期如施用过多的氮钾肥,会增加酸味,着色迟,不耐贮运;多施有机肥、磷肥则会减少酸味,提高品质。

第二章 甜橙适宜的生态
条件与生产区划

第一节 甜橙适宜的生态条件

甜橙的生长发育、开花结果和果实品质与生态条件有密切的关系。甜橙原产亚洲热带亚热带地区,产地气候温暖湿润、土壤有机质丰富及半阴性的环境,形成了甜橙喜欢温暖湿润,要求通透性良好的肥沃土壤的特性。栽培上要尽量满足甜橙对阳光、热、水、土、肥的要求,创造适宜的生态条件,才能使它正常生长发育和开花结果。

一、温 度

甜橙所需的适宜生态条件中,温度是最主要的因素,它对甜橙在某一区域能否种植和正常生长结果起决定作用。根据资料介绍,—5℃是栽培甜橙的安全临界温度,低于这个温度,就有可能出现冻害。脐橙虽然比普通甜橙耐寒,但气温低到—6~—7℃以下,也会出现冻害。湖南省邵阳县和新宁县栽培的脐橙,曾遭受到 1955 年、1977 年和 1992 年 3 次罕见的冻害,最低气温达—7℃以下,结果冻伤了部分枝条。不同砧木的甜橙,耐寒性有差异,一般来说,枳砧最耐寒,其次是枳橙、红橘,再次是红檬檬、香橙。甜橙最适宜生长的温度范围是 23~34℃,以 26℃为中心,低于 12.8~13℃或高于 37~38℃,植株的生长就受到抑制甚至完全停止或死亡。但终年保持在 23~34℃的范围,对柑橘也无好处,因为甜橙的花芽分化需要相对的低温抑制营养生长,积累养分,以利花芽分化。

气温对甜橙地上部分枝梢生长有较大影响。在广东省湛江市种植红江橙,未结果幼树一年可以抽生 4～5 次良好的新梢,使树冠迅速扩大,为早结、丰产打下良好的基础,而在粤北地区,一般只能放好 3 次新梢。中亚热带的甜橙,一般一年也是抽春夏秋 3 次梢。甜橙根系的生长与土壤温度也关系密切,具体见第一章中有关根系的生长特性内容。

温度对甜橙果实生长发育影响很大。日本学者小林等认为,20～25℃(平均 22.5℃)是柑橘果实膨大的适宜温度。甜橙果实在这个适宜温度范围内生长发育快。温度过高过低对果实的生长发育都有一定的影响,例如南方夏天中午的果面温度有时会达 45℃以上,在这种情况下,果实会出现日灼现象,影响了果实的生长发育;另外,伏令夏橙树体的耐寒性虽然较强,但冬季温度在－3℃以下,果实也不能正常越冬。

温度对甜橙果实的品质也有明显的影响。一般来说,在年平均温度 16.5～22℃,大于或等于 10℃的年积温 5 000～8 000℃,1 月份平均温度 5～13℃,最低气温多年平均值－1～－4℃之间的区域,甜橙的品质随气温的升高其含糖量和糖酸比升高,品质好,风味浓郁,但维生素 C 逐渐递减。如果高于上述气温的上限值,则糖、酸、维生素 C 含量均下降,品质差,风味淡;低于上述气温的下限值,则糖和糖酸比显著下降,品质差(表 2)。甜橙果皮着色也受温度的影响,高温地区的果实着色较淡,低温地区的果实着色较浓;昼夜温差较大,着色较好。当然,影响果实品质的还有水分、土壤、栽培措施等因素。

表 2 我国不同气候带甜橙品质与气温的关系 (1981 年)

气候带	地 点	糖(克/100毫升)	酸(克/100毫升)	糖/酸	维生素C(毫克/100毫升)	≥10℃年积温(℃)	年均温(℃)	1月均温(℃)	极低平均气温(℃)
				锦 橙					
中亚热带	贵州罗甸	9.22	0.88	10.48：1	46.69	6488.6	19.6	10.0	−1.0
中亚热带	四川江津	11.02	1.15	9.59：1	48.54	6018.5	18.4	7.6	0.4
中亚热带	云南建水	8.13	1.33	6.12：1	53.13	6249.8	18.3	11.0	−2.7
中亚热带	湖南道县	8.75	1.00	8.78：1	54.20	5851.1	18.6	7.2	−2.8
中亚热带	四川旺苍	7.44	1.87	3.98：1	60.90	5072.6	16.2	4.9	−4.3
				新 会 橙					
南亚热带	广东汕头	11.67	0.72	16.21：1	45.79	7649.2	21.5	13.4	2.8
中亚热带	贵州罗甸	10.43	0.82	12.72：1	45.98	6488.6	19.6	10.0	−1.0
中亚热带	四川重庆	9.50	1.09	8.71：1	44.41	5939.1	18.1	7.5	−1.8
中亚热带	福建建瓯	8.97	1.09	8.23：1	54.24	5720.5	18.1	7.9	−4.5
中亚热带	湖南零陵	10.00	1.27	7.87：1	51.28	5600.4	17.8	5.6	−3.3
北 热 带	云南河口	7.80	0.51	15.29：1	43.50	8248.6	22.5	14.7	2.7

注：引自《中国柑橘区划与柑橘良种》

二、水 分

水分是甜橙生长发育的必需物质。甜橙所需的有机质和无机养分,必须先溶于水,才能被吸收、运转和利用。树体的一切生命活动,如细胞的分裂与增大,光合作用,呼吸作用,有机物的合成与分解都必须有水的参与才可进行。甜橙的各器官组织中水占很大的比重,枝、叶、根的含水量占 50～70%,果实的含水量占 85% 以上,幼嫩组织的含水量占 90% 以上。甜橙一般要求年降水量为 1 000～2 000 毫米,空气相对湿度75% 左右为宜。但不同品种对降水量和空气湿度适应性略有差异。从美国引进的华盛顿脐橙、罗伯逊脐橙对南方高温多雨的气候条件适应性较差,而当地良种新会甜橙、暗柳橙等品种的适应性较好。

甜橙在各个物候期对水分的要求有所不同,花芽分化期要求土壤适当干旱,以提高树体细胞液的浓度,促进花芽分化;开花坐果期要求土壤湿润,以利于提高坐果率,减少生理落果。秋梢生长发育期和果实迅速膨大期需要较充足的水分,否则会影响秋梢的生长发育和果实产量、品质,并造成大小年结果现象。甜橙虽然喜欢湿润,但是水分过多或过分干旱,其生长结果也会受到影响,以至树体死亡。例如,我国南方地区,年降水量一般达 1 500 毫米左右,雨量充沛,但分布不均匀,一般春夏雨水过多,常有秋冬干旱,对甜橙生长结果不利。因此,要搞好排灌水工作,以满足其需要。

三、光 照

光照是甜橙进行光合作用,制造有机物质必不可少的条件,对甜橙的生长发育、果实产量和品质起着重大的作用。一般认为以年日照 1 200～1 500 小时为宜,最适的光照强度12 000～20 000 勒克斯。在适宜的光照强度范围内,光合作用强度随着光照强度增大而增加。光照充足,枝叶生长健壮,花芽分化好,病虫害减少,果实产量高,品质好。光照过强,果实会产生日灼病,并引起土温过高而使根系受伤。反之,光照过弱,光合作用产物不足,枝条软弱、细小甚至枯死,不易形成花芽,果实产量低,品质差。因此,栽培上要针对实际情况,采取各种措施,调节光照强度。例如,果园要合理密植,幼年树要进行合理间种和生草覆盖,成年结果树要剪除过密枝、交叉枝等。

四、土 壤

甜橙对土壤的适应性很广,不论在丘陵山地或沿海滩涂,不论是红壤土、紫色土或水稻土都可以栽培。但是要达到旱结、丰产、稳产、优质的目的，就需要有良好的土壤条件。

（一）土层深厚、肥沃　甜橙根系生长较深广，要求有1米左右的土层深度，最低不低于0.8米，才能保证根系良好生长。丰产园土壤有机质含量要求达到3％以上，含氮0.1～0.2％，含磷0.15～0.2％，含钾2％以上。丘陵山地的有机质含量较低，必须做好深翻改土，多施农家肥，才能满足甜橙生长结果的需要。

（二）土质疏松、通透性好　甜橙要求土质疏松、透气性能和排水性能良好的土壤。根系的生长发育，要求土壤含氧量在8％以上为最适宜，低于3％使根系的生长受阻，低于1.5％会出现烂根。土壤排水性能良好，根系不会因积水而出现缺氧，生长不会受阻。同时要求土壤的保水保肥性能较强。一般认为，土壤孔隙度占土壤容积的50％，水分和空气各占20～25％为宜。因此，如果过于粘重、板结、通透性差或砂砾过多、保水保肥性差的土壤应注意改土。

（三）土壤酸碱度适当　甜橙对土壤酸碱度的适应范围虽然较广，在氢离子浓度10～3 163纳摩/升（pH 5.5～8）的范围内都可栽培，但以氢离子浓度316.3～3 163纳摩/升（pH 5.5～6.5）为宜。微酸性土壤有利于柑橘菌根和土壤微生物的生长，促进根系的吸收能力。在氢离子浓度10 000纳摩/升以上（pH 5以下）的酸性土壤条件下，使铁铅锰铜变为可溶物质而导致过多，对根系产生毒害，并会引起磷钙镁钼等元素的缺乏，在氢离子浓度100 000纳摩/升以上（pH 4以下），这种情况更为严重。而在氢离子浓度3.16纳摩/升以下（pH 8.5以上），则会引起铁锰锌铜硼磷等缺乏而出现生理病害。过于酸性的土壤，可以每年施用适量的石灰调节土壤酸碱度，使之适合甜橙的生长。

五、风

微风有利于果园空气的流通,调节空气湿度,增强蒸腾作用,改善空气中二氧化碳的供应,增强光合作用,因而有利于甜橙树的生长发育和开花结果。大风和强风则会对甜橙造成不利或灾害。

第二节 甜橙的生态区划

一、指 标

全国甜橙生态区划是以气温为主要指标,结合雨量、光照和土壤等生态因素及不同的栽培品种而制订的(见表3)。

表3 我国甜橙生态区划气温指标

生态区划	年平均温度(℃)	≥10℃的年积温(℃)	极端低温及其出现频率(℃)	1月份平均温度(℃)	极端低温历年平均值(℃)
最适宜区	18~23	5500~8000	>-3	7~13	<-1
适宜区	16~18	5000~5500	>-5 -3的频率低于20%	5~7	-3~-1
次适宜区	15~16 >23	4500~5000 >8000	>-7 -5的频率低于20%	4~7	-5~-3
可能种植区(或不适宜区)	<15 >24	<4500 >8500	<-7	<4	<-5

1981年全国柑橘区划协作会议审定

二、生态区划评述

(一)最适宜区

1. 华南丘陵平原南亚热带甜橙最适宜区(也是蕉柑和椪柑最适宜区) 本区包括闽、粤、桂、台的绝大部分地区,年平均温度一般在 18～23℃,积温 6 500～8 000℃,1 月份平均温度 8～13.5℃,极端低温历年平均 0℃以上,年降水量 1 400～2 000 毫米,相对湿度 78～82%,日照 1 800～2 000 小时。甜橙无冻害。土壤条件为丘陵红壤和砖红壤。主栽品种为新会甜橙、柳橙、雪柑、红江橙、化州橙等,夏橙也有一定栽培。主要砧木为红橘、红檬檬和酸橘。

2. 长江上游四川盆地丘陵浅山中亚热带甜橙最适宜区

本区包括长江上游及其支流四川几十个县、市和云、贵两省的数县,年平均温度 18～19℃,积温 5 500～6 000℃,1 月份平均温度 7～9℃,一般极端低温历年平均—1℃以上,年降水量 1 000～1 200 毫米,相对湿度 81%左右,日照 1 200 小时左右,甜橙无冻害。土壤主要为紫色土,其次为水稻土和冲积土。主栽品种为锦橙,其次为夏橙、柳橙、脐橙等。

3. 云贵高原干热河谷中南亚热带甜橙最适宜区

本区年平均温度 18～23℃,积温 6 500～7 500℃,1 月份平均温度 9～12℃,极端低温历年平均 0℃以上,年降水量 1 000～2 000 毫米,相对湿度 60～80%,蒸发量大,日照 1 800～2 399 小时。甜橙栽培受海拔影响大,以零星栽培为主。

(二)适宜区

1. 琼雷边缘热带甜橙适宜区

本区包括雷州半岛和海南省大部分地区,年平均温度 23～24℃,积温 8 000～8 200℃,1 月份平均温度 15～18℃,极端低温历年平均 2.8～5.3℃,年降水量 1 200～2 000 毫米,相对湿度 80～82%,日照 2 000～2 400 小时。本区高温多雨,无冬季,年温差小,受夏季台风影响大,甜橙树生长快,果实糖、酸偏低,品质较差。

2. 江南丘陵中亚热带甜橙适宜区　本区包括浙江的温州、平阳,福建的西南各县,江西的南部各县,广东的北部各县,湖南的道县、宁远县,广西的龙胜、兴安及以南各县。年平均温度 16.5～19℃,积温 5 200～6 500℃,1 月份平均温度 6～9℃,极端低温历年平均－3.2～－2℃,年降水量 1 400 毫米左右,相对湿度 78%左右。甜橙会有周期性冻害。

3. 四川盆地丘陵浅山中亚热带甜橙适宜区　本区包括上述 1,2 区中的西北、东南和南部各县市,湖北的巴东、秭归和兴山等县。年平均温度 15.8～17.8℃,积温 5 000～5 500℃,1 月份平均温度 5～7℃,极端低温历年平均－3～－2℃,个别地区偶达－4℃或－6℃,甜橙基本无冻害。

4. 云贵高原河谷南亚热带甜橙适宜区　本区包括云南的中山地带的县、市,四川的凉山州部分县,贵州的赤水河、乌江的中下游和南、北盘江、红水河、都柳江沿江等县、市。年平均温度 15.8～17.8℃,积温 5 000～6 000℃,1 月份平均温度 5.5～7℃,极端低温历年不低于－3℃,甜橙无冻害。

(三)次适宜区

1. 江南丘陵中北亚热带甜橙次适宜区　本区包括浙江沿海各县,广西的资源、全州各县,年平均温度 14.8～15.8℃,年积温 4 500～5 200℃,1 月份平均温度 4～6℃,极端低温历年平均－5℃,极端低温－8～－12℃,甜橙 4～5 年出现 1 次周期性 4～5 级冻害,影响树势和产量。

2. 云贵高原中山北亚热带甜橙次适宜区　年平均温度 14.8～15.8℃,积温 4 500～5 000℃,极端低温历年平均－10～－7℃,1 月份平均温度 4.5～6℃,年降水量 1 000～1 400 毫米,相对湿度 75～79%,日照 1 800～2 300 小时,冬春半年干旱、风大,夏季雨量集中,甜橙分散栽培,有一定的产量,但品质较差。

(四)不适宜区 本区年平均温度小于15℃,积温低于4 500℃,1月份平均温度低于4℃,极端低温历年平均－5℃以下,甜橙冻害严重,一般不适宜种植。

第三节 甜橙的生产区划

甜橙的生产区划,是以甜橙的生态区划为依据,结合考虑社会和人为因素,选定品种进行区划的。

我国的甜橙生产区划是柑橘生产区划的重要部分,由中国农业科学院柑橘研究所主持,组织有关单位协作研究而制定的。我国的甜橙和宽皮柑橘生产区划分为6个一级区和5个亚区,而作为甜橙主产区的有3个一级区和4个亚区,还有一些非主产的生产区,现介绍如下。

一、华南丘陵平原主产区

本区位于南岭以南的丘陵平原,也有部分低山,包括广东、广西、福建、台湾等省(区),属海洋性季节气候亚热带湿润类型。土壤多为红黄壤、水稻土、冲积土,沿海也有盐碱土,甜橙占柑橘的1/5,下分两个亚区。

(一)沿海丘陵平原柳橙、新会橙、红江橙(改良橙)、雪柑、化州橙等主产亚区(也是椪柑、蕉柑主产亚区,夏橙也有适当的发展) 本亚区在东南沿海,海洋性气候明显,热量和雨水丰富,日照充足,生态条件优越,是甜橙良种的最适宜区。甜橙生长发育快,果实品质佳,糖高,酸低,浓甜,但维生素C稍低,不太耐贮。

(二)中北部丘陵甜橙良种主产亚区 本亚区位于

广东、广西和福建北部,离海较远,为南亚热带和中亚热带的过渡地带,柑橘基本无冻害。本亚区的生态条件适宜甜橙生长发育,适合开发新会甜橙、暗柳橙和雪柑等优良品种,脐橙也可适当发展。

二、南岭和闽浙沿海低山丘陵主产区

本区位于南岭山脉北坡和泰山、九宫山、雁荡山东南坡的丘陵浅山,包括广西的桂林,广东的韶关,江西的寻乌,以及福建的龙岩和古田以北,湖南的道县,广东的乐昌,江西的广昌,浙江的温州以南等区域;属中亚热带,大部分热量较好,但个别地方甜橙也偶有冻害。本区土壤也是酸性或微酸性红黄壤,需要改良。在本区甜橙、宽皮柑橘均有栽培,除蕉柑略差外,均表现丰产优质。今后可多发展暗柳橙、锦橙、雪柑等品种,也可适当发展适宜的脐橙品系和夏橙。

三、四川盆地主产区

本区包括四川盆地和湖北的西陵峡区,属中亚热带山间盆地亚热带季风湿润气候类型,冬季温和,夏季炎热,积温不高,雨量较江南丘陵少而湿度大,日照较少,云雾重,静风多。土壤为紫色土,氢离子浓度 $31.63 \sim 10\,000$ 纳摩/升(pH 5~7.5),土质较肥沃。此外,还有水稻土、冲积土和黄棕壤。甜橙的主产区分布在以下两个亚区。

(一)长江上游和岷、沱、金沙、嘉陵 4 江下游丘陵低山锦橙等主产亚区 本亚区位于盆地东面、长江上游宜宾至南津关各县、市,岷江的乐山至宜宾各县、市,沱江的简阳至泸州各县、市,嘉陵江的西充至重庆各县、市,金沙江的屏山至宜宾市,是甜橙的老产区,栽培历史悠久。产区在海拔 400 或 500 米以下区域,应重点发展锦橙、先锋橙、哈姆林甜橙;脐橙、血橙要求湿度较低的温和气候,在奉节到秭归的长江沿岸可以栽培。

（二）岷、沱、嘉陵 3 江中上游低山甜橙主产亚区（也是宽皮柑橘主产亚区）　本亚区包括岷江流域的灌县至乐山，沱江流域的简阳至绵竹，嘉陵江流域的南部至苍溪，还有乌江下游的秀山至武隆，赤水河的古蔺和叙永、珙县等地，热量比前丘陵低山锦橙等主产亚区稍低外，其他生态条件与之相类似，夏橙果实偶有冻害，其他甜橙无冻害。本亚区是甜橙的生态适宜区，在较温暖的区域可以发展哈姆林甜橙、血橙等，气候较干燥的地区可发展脐橙。

四、非主产的生产区

（一）江南丘陵宽皮柑橘生产区　本区位于长江中下游平原以南的丘陵，邻近巫山的东南，南岭以北，武夷山延伸的丘陵低山，属中亚热带季风湿润气候类型，有甜橙栽培。

（二）四川盆地边缘丘陵和盆壁低山温州蜜柑生产区　本区年平均温度 14.5～16℃，大于或等于 10℃的年积温 4 800～5 200℃，甜橙偶有冻害。

（三）云贵高原中低山和干热河谷柑橘混合生产区　本区包括云南、贵州及四川的凉山州和渡口市，高原气候明显，年温差小，日温差较大，干湿雨季分明，气温受海拔影响比纬度更大，甜橙以零星栽培为主。

（四）雷州半岛和海南省柑橘混合生产区　本区域属北热带气候，纬度低，积温超过 8 000～8 300℃，1 月份平均温度 15℃，日照强，湿度大，柑橘生长旺盛，冬季缺乏理想休眠温度，产量一般，品质稍差，是甜橙的适宜区和次适宜区。但是位于雷州半岛西北的廉江市种植的红江橙生长快，早结、丰产，品质优良，是红江橙的最适宜生产区。

第三章　我国甜橙的种类和优良品种

第一节　甜橙的种类

甜橙属于芸香科柑橘属的 1 个种。甜橙包含有许多的品种、品系和类型,在我国及世界柑橘生产中都占有重要地位。根据俞德浚先生编著的《中国果树分类学》,我国的甜橙依果实性状大体可分为以下 3 类:

一、普通甜橙类

果顶无脐,果肉橙黄或橙红色,果实圆球形、扁圆球形或长圆形,无核、少核或多核。优良品种如暗柳橙、新会甜橙、锦橙、先锋橙、改良橙、雪柑、伏令夏橙、桃叶橙、冰糖橙等。

二、脐橙类

果顶有脐,闭合或裸露,果肉橙黄色,果实长圆形或广倒卵形,果顶部皮薄,果基部皮厚,无核或极少核。优良品种、品系如华盛顿脐橙、罗伯逊脐橙、朋娜脐橙、纽荷尔脐橙、清家脐橙、铃木脐橙等。

三、血橙类

果顶无脐,果皮深红色并带紫红斑块,汁胞带丝状或块状血红色,果实近圆球形,种子 5～10 粒。优良品种如红玉血橙、马尔他斯血橙、脐血橙、靖县血橙等。

第二节　甜橙的优良品种

一、普通甜橙类

（一）**暗柳橙**　主产广东的广州市郊区和惠阳地区，现全省各地均有栽培。广西、福建有少量种植。树势强健，树冠半圆形，叶披针形。果实圆球形，单果重 120～150 克，果顶印圈较明显。果皮橙黄至橙红色，柳纹不明显，油胞小微突起。果肉较柔软，清甜多汁。果心充实，种子 10～12 粒。可溶性固形物 12～14％，每 100 毫升果汁含糖 10～12.5 克，酸 0.4～0.7 克，维生素 C 36～49 毫克。11 月下旬至 12 月上中旬成熟。暗柳橙适应性强，丰产、稳产、优质、耐贮藏，是广东主要栽培品种之一。广东省农科院果树研究所从暗柳橙实生树中选育出丰彩暗柳橙（红 1-7），表现速生快长，树势壮旺，抗旱性强，果大，丰产稳产，品质优良，耐贮藏。定植在红壤丘陵山地，第三年株产 8～10 千克，第五年进入丰产期，株产 20～45 千克，第七年株产超过 50 千克，比老系暗柳橙增产 30％以上，但幼龄树长势偏旺，一般要环割促花才能早结、丰产。

（二）**锦橙（鹅蛋柑 26 号）**　原产四川江津，以四川、湖北为主产区，湖南、云南、贵州等省有引种。锦橙树势强健，树冠圆头形，树姿较开张，枝条长壮柔韧，有小刺。果实长椭圆形，形如鹅蛋，故有鹅蛋柑之称。果大，平均纵径 7.5 厘米，横径 7.3 厘米。果形指数（横径/纵径）0.97，单果重 140～180克。顶部平或微凸，果皮橙红色、中等厚、光滑。果心小，紧密，囊瓣 8～13 瓣，整齐，囊壁薄，汁胞披针形，柔软化渣，酸甜适中，味浓汁多，有香气。果实可食部分 74.4％，出汁率 46.7～49.3％，可溶性固形物 11～14％，每 100 毫升果汁含糖 8～10

克,含酸 0.7～0.9 克,糖酸比 11：1。种子平均 6 粒左右。品质优良,耐贮藏。12 月上中旬成熟。加工果汁色橙黄,组织均匀,具香气,无苦味。锦橙是我国甜橙中发展快的优良品种,丰产优质,商品性良好,适应范围较广,最适宜在年平均温度 18℃ 左右的地区种植。砂壤土和较粘重土都能栽培,以紫色土为最好。较充分的肥水更能发挥其丰产优质特性。初果期应注意控制夏梢,以减少生理落果。砧木以枳砧较好,早结、丰产,但不抗裂皮病。红橘砧投产较晚,抗裂皮病。1985 年和 1989 年被国家评为优质柑橘。

(三)先锋橙(鹅蛋柑 20 号)　原产四川江津,是四川大量发展的良种,我国各主要柑橘产区都有引种栽培。先锋橙树势、树性等与锦橙基本相同,但枝条比锦橙硬,小刺稍多。先锋橙果实短椭圆形,平均纵径为 6.8 厘米,横径为 7 厘米。果形指数 1.03,单果重 150 克左右。汁胞柔软,化渣,甜酸适度,风味浓郁,有清香。果实可食部分 74.2%,可溶性固形物 12% 左右,果汁含量 49%。果汁橙黄,组织均匀,风味佳,具原果香味,无异味。适鲜食和加工果汁。本品种树势旺,产量高,品质优,种子较少,耐贮藏。

(四)改良橙(红江橙、漳州橙)　原产福建漳州地区,为闽南和湛江市的主栽品种。四川和浙江亦有少量试种。廉江红江橙 1985 年被评为国家优质柑橘水果。树势较强,叶片中等大,披针形,叶缘波浪状,叶翼细小。果实圆球形,单果重 130～170 克,果皮光滑,果形美观。果肉有橙红、橙黄、红黄嵌合等颜色。以红肉果为主,肉质柔软,多汁,化渣,甜酸适度,品质极佳。每果有种子 10～20 粒。可溶性固形物 13～15%,每 100 毫升果汁含糖 10.8～12.7 克,酸 0.7～1 克,维生素 C 27～35 毫克。11 月中旬至 12 月上中旬成熟。如遇秋冬土壤水分干湿变化较大时,采前裂果较多。该品种早结、丰产性强。据广东省农科院果树研究所试验结果表明,3年生红檬檬砧的红江橙平均株产21~24千克,4年生平均株产32~36千克。广东省农科院果树研究所已培育出无籽株系广红1号和少籽株系广红2号,华南农业大学也培育出无籽株系华青1号和少籽株系华青2号,目前正在推广。

(五)雪柑 原产广东汕头。主产在广东潮汕地区、福建闽江下游、闽东地区和台湾等地,浙江、四川、广西有少量种植。雪柑树冠圆头形,稍开张,树势强健。枝梢细长,偶有小刺。叶椭圆形,翼叶不明显。果实圆形或长圆形,单果重120~180克,两端对称。果皮橙黄至橙红色,光滑、稍厚。油胞较小而密,突出。囊瓣肾形,10~13瓣。果心大,充实,汁胞柔软多汁,风味浓郁,酸甜适度,具微香。可溶性固形物12%,每100毫升果汁含糖10~11克,含酸0.8~0.9克,品质上等。种子较多,8~10粒,成熟期11月中下旬。本品种适应性强,耐旱,山地、平地均可栽植。果实品质优良,耐贮藏,产量高,是华南地区柑橘上山栽培的主要品种之一。

雪柑品系较多,有大果系、小果系、大叶系、小叶系、早熟系、晚熟系等。广东省农科院果树研究所与杨村柑橘场合作选出的新生系雪柑(榄西2-6-12),3年生平均株产14.5千克,5~7年生平均株产53千克,果大,品质优,适于贮藏和加工。闽侯雪柑,1985年被评为全国优质柑橘,适宜于水源充足的砂质壤土栽培。

(六)新会甜橙(滑身仔) 原产广东新会市。现在新会市、广州市附近、福建和广西南部栽培较多,国内其他柑橘产区亦有引种。新会橙树冠半圆形,较开张,生长势中等,枝梢较细,叶片椭圆形,锯齿不明显。果实短椭圆形,较小,果重

110～130克。蒂部稍平,顶部常有印圈,果皮橙黄色,光滑而薄。囊瓣肾形,9～12瓣,果心中大、充实,汁胞柔软多汁,味极甜,清香。可溶性固形物13～16%,每100毫升果汁含糖11～15克,含酸0.1～0.7克。品质上等。种子少,6～8粒。成熟期11月下旬至12月,稍耐贮藏。本品种品质好,产量中上,为我国著名的甜橙良种。耐旱,对积温要求较高,因此在广东、广西、福建表现良好,而在偏北地区则品质下降。从新会甜橙实生苗中选出的兰花橙,在水源充足的地方种植果实较大,单果重120～150克,肉质细嫩,风味浓郁,有兰花香味。比新会甜橙早熟1周。

(七)**桃叶橙** 原产湖北秭归县龙江乡龙江村,50年代从甜橙实生老树中选出。树型高大,树势旺盛,树姿开张,圆头形,枝梢粗壮,有短刺。叶片呈披针形,狭长似桃叶,故名桃叶橙。果形端正,近圆形,平均单果重120～159克。果皮光滑,橙红色有光泽,皮薄易剥离。果肉橙黄色,香甜,汁多化渣,果汁含酸0.5～0.7%,可溶性固形物12～13%,品质佳。11月上旬成熟。宜山地栽培,秭归栽培较多,产量较枳砧锦橙低。

桃叶橙以桃叶橙8号、18号品质最优。

桃叶橙8号,从50年生实生更新树中选出。其树冠圆头形,树姿开张。叶披针形,狭长似桃叶。树势旺盛,丰产性好。果形端正,果皮薄,约0.3厘米,果色橙红、光滑,单果重约150克。种子少,平均每果6粒。果汁含量40.8%,可溶性固形物12.6%,含酸0.49%。味甜质脆,化渣。品质佳。11月上中旬成熟。湖北秭归有集中栽培,不少地区有引种。

桃叶橙18号,从25年生实生树中选出。其树冠为半圆形,树姿开张,生长旺盛,抗逆性强,产量高而稳定。果实扁圆形,果皮橙红色、光滑,厚约0.3厘米,单果重150克。种子少,平均每果 4 粒左右。果汁含量 51.1%,可溶性固形物 12.3%,含酸 0.5%。味浓甜,化渣,品质佳。11 月上中旬成熟。

(八)冰糖橙 湖南黔阳选出的良种,为该地区的主栽品种之一。树势中等,树冠较矮小,枝条开张。叶较小,叶背主脉粗大,突起明显。果近圆形,深橙黄色,光滑,单果重 120～160 克。果肉爽脆,橙黄色,汁胞细长,排列紧密。可溶性固形物 12%,酸 0.6%。风味浓甜清香,品质优良。种子 4 粒左右。11 月上中旬成熟。

(九)大红甜橙(红皮甜橙) 湖南黔阳地区主产。树势中等,树形较矮小,枝条细软。果实圆球形或椭圆形,果皮橙红色,果面光滑,果心充实,平均单果重 140～150 克。果肉柔嫩,多汁化渣,甜酸适度。果汁可溶性固形物 11.5%,含酸量 0.6%。种子 5～10 粒。耐贮运。11 月中旬成熟。本品种产量中等,果色鲜艳,品质优良,在湖南发展较快。

(十)明柳橙 原产广东新会。主产广东新会和广州郊区,广西、福建、四川等有少量栽培。树冠半圆形,较开张,树势强健,枝梢紧密健壮。叶长椭圆形,边缘多呈波状,叶色浓绿,叶缘较不明显。果实长圆球形,中大,果顶圆,有明显圆形印环,重 110～150 克,果面自蒂部起有 10 余条放射沟纹,故名柳橙。果皮浅橙黄色,皮厚。囊瓣长梳形,10～12 瓣。果心中大、充实,果肉脆嫩汁少,风味浓甜,具浓香。可溶性固形物 13%,每 100 毫升果汁含糖 9～11 克,含酸 0.5～0.7 克,品质优。种子 10 粒左右。成熟期 11 月下旬至 12 月上旬。本品种果实品质优良,耐贮藏;适应性广,耐瘠,宜于山地栽培;进入结果期早,产量稳定,在各柑橘产区表现良好。

(十一)香水橙(叶橙、水橙) 原产广东珠江三角洲。主产广东的广州、新会、中山等地。树势强健,较开张,枝梢密,有短刺。叶片椭圆形,翼叶较大。果实广椭圆形,较大,平均重120～150克,果顶平,蒂部微凹。果皮稍厚,深橙黄色,易剥离。囊瓣9～10瓣,果肉橙黄色,柔软多汁,香甜化渣。种子平均8～10粒。可溶性固形物12%,每100毫升果汁含糖8～10克,含酸0.6～0.8克,品质佳。可鲜食,也可以加工果汁,汁浅黄色,组织均匀,具原果香味。11月下旬至12月成熟。适宜挂果留树贮藏,留至春节前采收品质更优。

(十二)伏令夏橙　主产于美国、巴西、西班牙、摩洛哥、南非等国,为世界栽培面积最大的柑橘品种。我国四川省栽培较多,广东、广西、福建、湖北、云南等地已相继引种栽培。树冠高大,圆头形,树势强健,枝梢壮实,稍直立。叶片淡绿色,长卵形,基部圆,翼叶明显。果实圆球形或长圆球形,中等大,平均果重120～160克。果皮橙黄色或橙红色,表面稍粗糙,油胞大,突出,囊瓣肾形,9～12瓣,果心较大,充实,果肉柔软多汁,风味酸甜适口。可溶性固形物11～12%,每100毫升果汁含糖9～11克,含酸1～1.3克,品质中上。种子6～7粒。成熟期一般为次年的3月底至4月底。由于果实留树越冬,在冬季气温较低或有霜冻地区易大量落果,若冬前喷生长素2,4-D可大大减少落果。本品种品质较好,产量高,特别是成熟期特殊,对调节市场供应及外贸有重要价值。目前除四川发展较多外,广东中部试种已获成功,品质超过贮藏甜橙,因此,我国凡无明显冬季之柑橘产区,均可大量发展。

晚熟甜橙品种中,国内种植的还有四川江津的五月红、刘金刚夏橙和广西桂夏橙等。

五月红,四川栽培较多,树势旺盛,枝梢粗壮,有短刺。果实长圆形,色橙红,平均单果重120～130克,酸味适中,有香气。可溶性固形物 11～12％,每 100 毫升果汁含酸 0.8～0.9 克。种子 5～6 粒。耐贮。作为晚熟品种可在四川、广东等地发展。

刘金刚夏橙,美国佛罗里达州华侨从伏令夏橙芽条变异中选育而成,四川、广东栽培较多。其树势较伏令夏橙强,产量高,较抗溃疡病,枝梢粗壮有短刺。果实较大,长圆球形,单果重 130～150 克。可溶性固形物 11.9％,每 100 毫升果汁含酸 0.7～0.8 克。种子 7～8 粒,比伏令夏橙早熟 10 天左右。耐贮运。可在冬季无严寒、绝对最低温度 0℃左右的地区发展。

(十三)哈姆林甜橙 原产美国佛罗里达州。1965 年引入我国,在四川、广东、广西、浙江、福建等地有少量栽培。树冠半圆形,开张,树势中等或旺盛。枝叶茂密,小枝粗壮,叶片长椭圆形,叶色浓绿。果实圆球形或略扁圆形,大小中等,单果重 120～140 克,果顶圆,蒂部微凹。果皮深橙色、较薄、光滑,油胞较密,平生,果肉细嫩,汁多味甜,具香味。可溶性固形物 11％,每 100 毫升果汁含糖 8～9 克,含酸 0.8～0.9 克。无核或少核,品质上等。11 月上旬成熟,不耐贮藏,在甜橙中属耐寒性较强的品种。可鲜食,更适于加工果汁,果汁色泽橙黄至橙红,组织均匀,原果香气浓郁。热稳定性好。本品种具有早期丰产性,果实品质好,成熟期早。作为较早熟和加工果汁的甜橙品种,提倡大力发展。该品种的缺点是果实大小均匀度差。

(十四)浦市甜橙 主产湖南泸溪浦市镇,分布于泸溪、辰溪、吉首等县,是该省的良种之一。树势强健,树冠中等大,树形较开张,分枝较密,枝梢较硬,刺多而长。叶长椭圆形。果近圆形,单果重 120～160 克。果肉橙黄或橙红色,果皮中等厚,不易剥离。可溶性固形物 12％左右,汁多,甜酸适度,有香气,品质优。种子 10 多粒。11 月中旬成熟,产量中等,较稳产,果实耐贮。

(十五)秭归甜橙 58 号 树冠高大,圆头形。果扁圆形,单果重 137 克。果皮较薄,橙红色。种子平均 0.7 粒。可溶性固形物 11.2%,酸 0.5%,汁多化渣,香甜可口,品质佳。11 月中旬成熟,丰产性能好。

此外,普通甜橙类的品种还有:化州橙、黄陵无核橙、溆浦长形无核橙、宜圆 3 号甜橙、兴国甜橙和福建武夷橙等。

二、脐橙类

(一)华盛顿脐橙 原产于南美巴西,主产于美国、澳大利亚、巴西、摩洛哥等国,我国四川栽培较多,南方各省均有少量种植。树冠半圆形,枝条较开张,叶片椭圆形。果大,单个重 170～250 克。果顶部常突出呈圆锥状,有脐、闭合或开张。果皮橙黄至橙红色,厚薄不匀,果顶部较薄,油胞大、较稀疏、突出。囊瓣肾形,10～12 瓣,汁胞脆嫩,汁多,风味浓甜,有香气。可溶性固形物 11% 以上,每 100 毫升果汁含糖 8～10 克,含酸 0.9～1.0 克,品质上等,鲜食极佳。种子极少或无核。11 月中下旬成熟,不甚耐贮藏。本品种较早熟,果大美观,品质优良,较耐寒。但花粉极少,落花落果严重,普遍表现产量较低,在华南地区甚至有不结果者。因此,可考虑在气温较低而干燥的地区发展,并加强栽培管理,尚可提高产量。

由于华盛顿脐橙的栽培历史较长,而且较容易产生芽变,通过营养系选种,已选育出很多适应当地气候、丰产优质的优良品系,例如美国的罗伯逊脐橙和纽荷尔脐橙,日本的清家脐橙以及我国的四川奉节 72-1 脐橙,都是从华盛顿脐橙芽变中选出的。

(二)罗伯逊脐橙 1925 年在美国加州从华盛顿脐橙

的芽变中选育而成,1936年注册。我国四川、湖北、湖南、浙江等省均有栽培。树势中等或较弱,矮化开张,无刺或少刺。树干有瘤状突起,枝扭曲。果实圆球形,单果重200克左右。果皮橙红色,油胞细密,多为闭脐。果肉脆嫩化渣,味甜浓,稍有香气。可溶性固形物12%以上,每100毫升果汁含糖9.7克,含酸1克,无核,品质佳。10月下旬至11月上旬成熟。坐果率和产量较华盛顿脐橙高,可供发展。

1985年被评为全国优质柑橘的湖北秭归脐橙、四川长宁4号脐橙和眉山9号脐橙等,皆从罗伯逊脐橙中选出。

(三)汤姆逊脐橙 1891年在美国加利福尼亚州由华盛顿脐橙芽变选种而来,我国四川、湖北有少量栽培。树体较矮,枝细无刺或少刺。单果重150~160克,果顶脐较小,多闭合。果皮橙红色而薄,油胞大而凸,汁胞脆而汁较少。可溶性固形物10.5%以上,每100毫升果汁含糖8克,含酸1克。风味不及华盛顿脐橙,成熟期较华盛顿脐橙迟10天左右,坐果率和丰产性较华盛顿脐橙强。

(四)斯卡克斯·朋娜 美国加州的约翰·沃克从斯卡克斯的华盛顿脐橙园中选出的枝变,成为专利品种。树势较强,绿叶层厚,树冠矮小、紧凑。果实圆球形或扁圆形,单果重250~300克,脐小。皮薄,橙红色。果肉质脆,味甜,较化渣,果汁含量高达47.9%。果皮在10月中下旬即可着色,11月上中旬成熟。在我国四川、湖北、广西、江西、湖南、浙江和广东北部等地试种,表现出良好的适应性,始果期早、丰产,品质优,适于密植栽培。其主要缺点是结果量多时果实大小不匀,有裂果现象。

(五)纽荷尔 美国加州从纽荷尔土地水利公司的华盛顿脐橙枝变中选出并繁殖推广。树势强,叶大,绿叶层厚。果实椭圆形,皮色深橙红,脐小,光滑美观。单果平均重250克左右,果肉脆嫩化渣,汁多味浓,品质优,果汁含量40%。11月上中旬成熟,结果性能好。世界各地引种栽培普遍反映良好,西班牙已列为重点发展品种之一。我国引种栽培表现较好。

(六)清家　　日本爱媛县从华盛顿脐橙中选出的早熟丰产变异品系。树冠较矮小,圆头形,树势中等,较开张。枝条细长,具短刺。叶片椭圆形。花中等大。果实较大,长圆形或圆球形,单果平均重200～250克,果面光滑,果皮深橙色,皮较薄,闭脐。果肉柔软多汁,果汁含量54%,含糖量高,减酸快,着色极早。可溶性固形物11%,每100毫升果汁含糖8.5克,酸0.8克,维生素C 43.7毫克。我国广西、广东、四川、浙江及湖南省已引种栽培,在当地适应性良好。定植后3年始果,较丰产,早熟,10月下旬至11月上中旬成熟,但果实耐贮藏性欠佳。

(七)铃木　　1935年由日本静冈县铃木在华盛顿脐橙园中选出的枝变。树冠圆头形,较矮小,树势中等,枝条粗壮,叶片椭圆形。花中等大。果实似华盛顿脐橙,圆球形或略呈扁圆形,单果重200克左右,皮薄,果皮橙红色,果顶微突,闭脐多。果汁率57%,果肉脆嫩,品质上等。可溶性固形物12%,每100毫升果汁含糖9.08克,酸0.61克,维生素C 49.5毫克。早果性好,早期产量高,10月中旬为果实成熟期,较耐贮藏,也可树上挂果迟采。因树冠较矮小,应适当密植。广西、湖南、广东等地有引种,表现较好。

(八)大三岛　　日本爱媛县从华盛顿脐橙中选出的丰产、大果、着色早的枝变。树势中等或较弱,树冠圆头形或半圆形,树形开张。枝条具短刺,叶片椭圆形。花中等大。果实较大,圆球形或长圆形,单果重230～250克,果皮薄,表面较光滑,橙红色,顶部圆,多闭脐,近果蒂部较粗,不易剥离。果肉脆嫩,含果汁量54%,品质上等。可溶性固形物10.5%,每100毫升果汁含糖9.2克,酸0.68克,维生素C 45.4毫克。果实成熟期10月下旬。该品种着色较早,果汁糖酸含量高,风味浓,耐贮藏。我国广西、广东等地引种试栽表现较好,进入结果期早,品质优良,丰产性较好。

（九）白柳　日本静冈县从华盛顿脐橙的枝变中选出。树势中等,树冠圆头形,树形开张。枝条具短刺,叶椭圆形,叶缘波状。果实圆球形,较大,单果重260克左右。多闭脐,少有开脐。果皮橙红色,稍粗,蒂部有数条放射沟纹。果汁含量49%,可溶性固形物12%,每100毫升果汁含糖10.1克,酸0.76克,维生素C 40.4毫克。品质中等,耐贮性稍差。在广西10月中下旬成熟。

（十）吉田　日本福冈县从华盛顿脐橙中选出的丰产早熟枝变。树势中等,树形矮小、开张,树冠圆头形或半圆形。枝条有小刺。叶椭圆形,叶缘波状。花中等大。果实圆球形至扁球形,单果重230～250克,果顶部圆,果面光滑,果皮薄,橙红色。果肉质地脆嫩,果汁量56%,可溶性固形物10.5%,每100毫升果汁含糖9.2克,酸0.68克,维生素C 45.4毫克,风味浓,耐藏性好。我国湖南、广西、广东等地区已引种栽培,表现早熟、丰产、早结、优质,综合性状好,是宜于发展的优良品种之一。在广西桂林10月下旬成熟。

（十一）森田　日本静冈县从华盛顿脐橙中选出的优良枝变。树势中等,树冠圆头形,树形开张。叶片椭圆形。果实圆球形或长圆形,单果重约250克,果面光滑,果皮薄,橙红色。果肉脆嫩多汁,可溶性固形物11%,每100毫升果汁含糖9克,酸0.7克,维生素C 44.1毫克,风味浓,耐贮藏。在湖南、广西等地栽培,进入结果早,丰产性好,适应性较强,表现良好。在广西桂林 10 月中下旬成熟。

(十二)丹下 从日本引入。树冠圆头形,枝条粗壮。叶片椭圆形。果实圆球形,单果重约 260 克。果皮稍粗,橙红色,脐小。果肉脆嫩,果汁量 56%。可溶性固形物 11%,每 100 毫升果汁含糖 8.04 克,含酸 0.9~1.03 克,维生素 C 46.3 毫克。广西、广东有引种。成熟期 10 月下旬至 11 月上旬(表 4)。

表 4　大三岛等品系脐橙历年产量及品质比较

(广西柑橘研究所)

品种	平均株产(千克)	果形指数	单果重(克)	可食率(%)	果汁率(%)	维生素 C(毫克/100 毫升)	总糖(%)	总酸(%)	糖酸比	可溶性固形物(%)
大三岛	23.5	1.06	229.8	79.5	54	45.4	9.5	0.62	15.3	13
丹　下	18.5	1.10	215.0	80.0	56	46.3	7.8	0.72	10.4	11
清　家	17.2	1.10	258.5	80.0	54	43.8	8.5	0.80	10.8	12
吉　田	17.0	1.06	252.5	81.0	56	41.3	8.6	0.57	15.0	12
铃　木	16.0	1.10	191.5	77.0	57	49.5	6.1	0.61	10.0	12
森　田	15.9	1.17	197.5	78.5	56	44.1	9.0	0.70	12.8	11
白　柳	14.6	1.09	261.0	76.4	49	40.4	10.1	0.76	15.4	12
华　脐	3.1	1.03	195.0	85.0	53	56.2	12.3	0.83	14.8	12
罗　脐	5.0	1.03	187.9	77.0	57	49.5	6.1	0.61	10.0	12

(十三)德雷梦 美国佛州奥兰多地区 1939 年从华盛顿脐橙芽变中选出。1944 年取名德雷梦。该品种产量中等。果实圆球形,中等大,果皮稍厚,光滑,着色良好。果汁含量 42.9%,肉质中等柔软,风味浓厚。成熟早于华盛顿脐橙。树上挂果贮藏性好。适于亚热带潮湿气候的地区栽培。

此外,脐橙类的品系还有:佛罗斯特、卡特、克拉斯特、萘维林娜、伦格和拜安里哈等。

三、血橙类

（一）红玉血橙 又叫路比血橙、红花橙。主产于地中海沿岸国家，我国四川栽培较多，广东、广西、浙江、湖南、湖北、贵州等省（区）也有少量栽培。树冠圆头形，紧凑，半开张，树势中等。枝梢细硬，具短针刺。叶片长卵圆形，较小。果实扁圆形或球形，中大，单果重130～140克。果皮光滑，果顶多有印圈，未成熟前橙黄色，充分成熟时深红色，并带紫红色斑纹，皮较薄。囊瓣肾形，10～12瓣。汁胞柔软，充分成熟或经贮藏后呈血红色，汁液丰富，甜酸适中，具玫瑰香味。可溶性固形物10～11％，每100毫升果汁含糖7～8克，含酸1～1.1克，维生素C 47.8毫克。品质上等。种子10粒左右。成熟期1月底至2月初，较耐贮藏，贮后风味更佳。本品种由于风味独特，成熟期晚，产量高，能调节市场供应，近年发展较快。在冬季温暖、无明显霜冻的地区可发展。

（二）马尔他斯血橙 主产地中海国家。我国引入后，四川栽培较多，湖北、浙江等省有栽培。树体较矮，树形开张，结果较晚。果中大，平均单果重120～140克，果形较红玉血橙略高。果皮光滑，较薄，果肉较红玉血橙紫红，汁多化渣，甜酸适度，具玫瑰香味。可溶性固形物10％以上，每100毫升果汁含糖7～8克，含酸0.8～1.05克，维生素C 48.2毫克。种子5～8粒。风味稍逊于红玉血橙，次年2月上旬成熟。

（三）脐血橙 原产西班牙。我国引种后，四川、浙江、广东、广西有少量栽培。树势强健，树形开张。枝梢密、丛生，有短刺，叶片圆形，浓绿，大而厚。果实长椭圆形，果顶稍有乳突，单果重150克左右。果皮薄而光滑，充分成熟时果皮与果肉均有红斑。果肉脆嫩多汁，甜酸适度，有香气，无核或少核，品质佳。可溶性固形物12％克左右，每100毫升果汁含糖11

～12克,含酸0.9克,维生素C 40.2毫克,耐贮运,丰产性好。

（四）塔罗科血橙　西班牙、意大利等国主栽,我国有引入。树势较强,叶片卵圆形至长椭圆形,丰产性好。果实在血橙中属大果形,倒卵形至长球形,果梗部有明显沟纹。果皮稍厚,果面较粗,果肉多汁化渣,带血红色,风味甜酸适中,耐贮运,成熟后挂果过久品质有下降趋势。

（五）摩洛血橙　地中海国家的主栽品种,我国有引入。树势中等,产量极高,是血橙中的早熟品种。果实从中到大,球形至倒卵形,果顶平。果皮较厚、稍粗,果肉柔软化渣,红色素浓,风味佳。少核或无核。果实较耐贮运。

此外,还有桑给诺血橙、桑给内诺血橙、靖县血橙和金堂血橙等品种。

我国和国外主要甜橙良种及砧木品种,见表5、表6。

表5　我国主产柑橘的省、市（区）主要甜橙良种及砧木

省(市、区)	主栽品种	栽培品种	主要砧木
广 东	暗柳橙,新会甜橙,红江橙	化州橙,雪柑,香水橙,夏橙等	红檬檬,红橘,酸橘
四 川	锦橙,夏橙,脐橙	先锋橙,哈姆林甜橙,血橙等	枳,红橘
广 西	暗柳橙,新会甜橙	雪柑,化州橙,红江橙,脐橙等	红檬檬,酸橘,红橘,枳
福 建	雪柑	改良橙,新会甜橙,柳橙等	福橘,红檬檬,酸橘
湖 北	锦橙,脐橙	桃叶橙,夏橙等	枳,红橘
湖 南		大红甜橙,脐橙,冰糖橙,哈姆林甜橙,浦市甜橙等	枳
浙 江		雪柑	红橘
江 西		脐橙	枳
贵 州		脐橙,暗柳橙	枳,酸橘
云 南	新会甜橙	锦橙	枳,红橘
台 湾	雪柑	脐橙	酸橘,红檬檬,枳

表 6　国外柑橘主产国的甜橙栽培品种

国　家	主　栽　品　种	栽　培　品　种
美　国	华盛顿脐橙,伏令夏橙,哈姆林甜橙,帕森布朗,菠萝甜橙	纽荷尔脐橙,朋娜脐橙,罗伯逊脐橙,德雷梦脐橙等
巴　西	派拉,白海宁哈脐橙	哈姆林甜橙,华盛顿脐橙,佩拉奥,利马
西班牙	华盛顿脐橙,伏令夏橙,萨勒斯蒂安娜	小脐橙,卡特拉尔,哈姆林甜橙,西班牙血橙,佩那等
意大利	摩洛血橙,塔罗科血橙,加拉勃利斯	普通血橙,塔来登纳,比昂德,华盛顿脐橙,伏令夏橙
摩洛哥	华盛顿脐橙,汤姆逊脐橙,萨勒斯蒂安娜,脐血橙,伏令夏橙	哈姆林甜橙,西班牙血橙,卵形血橙,佩那
墨西哥	华盛顿脐橙,伏令夏橙	哈姆林甜橙,帕森布朗,比尼普尔,地中海橙,无酸橙
南　非	华盛顿脐橙,伏令夏橙	哈姆林甜橙,克拉诺,特蒙格,比兰米阿
以色列	沙莫蒂	华盛顿脐橙,伏令夏橙
澳大利亚	华盛顿脐橙,伏令夏橙	
阿尔及利亚	华盛顿脐橙,脐血橙	伏令夏橙,汤姆逊脐橙,哈姆林甜橙,沙莫蒂,佩那等
埃　及	凡拉第	沙莫蒂,血橙
希　腊	华盛顿脐橙	地方甜橙,伏令夏橙
土耳其	沙莫蒂	华盛顿脐橙
阿根廷	华盛顿脐橙	派拉,刘金光,卡台隆
日　本		脐橙:华盛顿脐橙,清家,铃木,大三岛,吉田,森田,白柳,丹下,福原橙
印　度		马尔塔橙,血橙,莫桑比

第三节　优质甜橙

　　我国于 1985 年和 1989 年两年对全国优质水果进行了评比。现将评比出的优质甜橙列于表 7 和表 8。

表7 1985年评为全国优质甜橙的品种、品系

品种、品系	优质甜橙
锦　　橙	四川开陈72-1锦橙，四川蓬安100锦橙，湖北兴山锦橙
脐　　橙	四川长宁(4号)脐橙，四川眉山(9号)脐橙，湖北秭归脐橙
哈姆林甜橙	湖南零陵哈姆林甜橙
冰糖橙	湖南黔阳冰糖橙
改良橙	广东廉江红橙
雪　　柑	福建闽侯雪柑

表8 1989年评为全国优质甜橙的品种、品系

品种、品系	产地或送样单位
锦　　橙	四川万县果品经济办公室 四川富顺县农业局 四川忠县果品经济领导小组 重庆市铜梁县凤归果品公司 四川云阳县果品办公室
华盛顿脐橙	重庆市广阳坝园艺场 湖南新宁县经济作物技术推广站 湖南耒阳市农业局 湖南零陵地区农业局 江西大余县茶果生产技术指导站
罗伯逊脐橙	四川富顺县人民政府水果办公室 四川江安县农业局 成都市金堂县农业局
纽荷尔脐橙	湖北秭归县特产局 江西信丰县农牧渔业局
脐　　橙	四川西充农业局
冰糖橙	湖南永兴县农业局
红江橙	广东国营红江农场
雪　　柑	福州市郊区经济作物技术推广站
桃叶橙	湖北秭归县特产局
改良橙	福建漳浦县农业局

第四章　甜橙苗木的培育

第一节　砧木的选择

砧木和接穗关系密切,不同砧木对甜橙的长势、抗性、投产期、产量、品质、果实大小、色泽、耐贮性等都有很大的影响。为了使甜橙栽培获得最大的收益,在培育甜橙苗木时,除了选好接穗品种外,还必须相应地选好优良的砧木。所选的砧木既要适应当地的土壤气候环境,又要与接穗品种亲和力强,生长快,早结、丰产、优质。适合甜橙的主要砧木有以下几种:

一、枳

枳又名枸橘、枳壳。主产于黄河流域的东南部和长江中下游流域。枳在全国很多柑橘产区对大多数甜橙都适宜。枳的根系发达,苗木生长较快。用枳作甜橙砧木,树型矮化,较早进入结果期,果实品质好。枳较抗旱、抗寒,抗脚腐病、速衰病、溃疡病和线虫。但易感染裂皮病,与新会橙、暗柳橙嫁接后,接口感黄环病,引起植株黄化。

二、红　橘

红橘是甜橙的优良砧木之一,用江西红橘(三湖化红)作改良橙(红江橙)的砧木,表现生长较快,早结丰产,品质优良。但其果皮较薄,易于裂果。由于红橘种类繁多,也有些红橘如四川红橘、红皮山橘等,用作甜橙砧木,表现树势过旺,投产延迟。

三、红檬檬

用红檬檬作甜橙砧木,幼苗生长快,树势强盛,根系发达,较耐湿,丰产,果大,皮较厚,不易裂果。但树体寿命短,果实味较淡,不耐贮藏。

此外,可以作甜橙的砧木还有酸橙、酸橘、甜橙、枳橙、枸头橙、宜昌橙等。

第二节　砧木苗的培育

一、苗圃地的选择

甜橙苗圃地应选择地势平坦,地下水位较低,排水良好,灌溉方便,土层深厚,土壤肥沃的壤土或砂壤土。土壤过粘或过沙都不适宜作苗圃地。较大规模的苗圃地应选在交通方便的地方。在黄龙病严重的地区,苗圃地还要远离带病的柑橘园,最好苗圃地与柑橘园之间有河流或山峰相隔开。此外,前作为柑橘或柑橘苗的土地也不适于作甜橙的苗圃地。

二、整　　地

苗圃整地宜于秋冬开始进行,先将苗地深翻,使底土充分晒白风化,以改良土壤的理化性状,并减少地下害虫及其他害虫的虫源。播种前,精细整地起畦,并施足基肥。

三、种子的采集和贮运

砧木种子采集有几种方法:一种是从果品加工厂中收集加工出来的种子;一种是直接剖取鲜果的种子;还有一种是果实经堆放腐烂后,将种子搓洗出来。一般来说,砧木种子以随采随播的发芽率最高。种子取出后,先在清水中浸洗干净,阴摊在通风良好的地板上,经常翻动,待种子皮稍显白色,便可播种或装袋运输。若种子要贮存,则以沙藏为佳。沙藏种子的沙以新鲜清洁的含水 5～10％的河沙为好。其湿度以手握成团,松手分散为适宜,沙藏种子时,先在底层放一层沙,厚约 3 厘米,再在沙上放一层种子,种子厚度也约为 3 厘米,就这样,一层沙一层种子,层层堆积至 50～60 厘米高,顶层的沙要全部覆盖种子,并在其上盖一层塑料薄膜保湿。贮藏期间,要注意检查沙的干湿度,过于干燥时,筛出种子,喷水在河沙内,混均匀后的含水量仍为 5～10％,太湿要把塑料薄膜揭开一段时间,让其通风。贮种时,靠底层的沙可比上层沙稍干些,这样可防止靠底层的种子过早霉烂。

四、播　种

播种期根据各地的气候不同而有异,冬季较温暖的地方,以秋冬播为主,冬季较寒冷的地方以春播为主。播种可分为点播、条播和撒播 3 种方法。现生产上大多采用撒播,因撒播的土地利用率高。播种量因各地的习惯而不同。一般来说,每亩砧木苗圃地约需播枳种子 50 千克,红橘种子 40 千克,红檬檬种子 30 千克。播种前,为除去种子中所带的病毒和病菌,可用 55±1℃的温水浸种处理 50 分钟,再用 0.1％高锰酸钾液处理 10 分钟。播种后,用木板轻轻压实,再覆盖一层细河沙,上面还应盖上一层稻草。充分淋足水,待芽大部分长出后可分 2～3 次逐步揭去稻草。有条件时,也可在冬季用薄膜小拱棚覆盖苗床,以保温保湿,促进种子早发芽和多发芽。

五、播种苗的管理

砧木播种后,要经常保持苗地的湿润,但不能过湿,尤其不能积水。齐苗后,即可开始薄施充分腐熟的人畜粪水。一般用 5～10 倍,每隔 10～15 天 1 次。也可施用 200～500 倍的尿素水溶液。施肥浓度由稀至浓,随着苗木的生长,渐次增加浓度。阴雨天,要适当控制肥水,以防立枯病的发生。

幼苗期的主要害虫为地老虎、大头蟋蟀等地下害虫,这些害虫可用25%的甲胺磷1000倍液防治。主要病害为炭疽病等,可用托布津、多菌灵、波尔多液、氧氯化铜等防治。其他病虫害可参照本书病虫害防治一章进行处理。播种圃中,应及时拔除杂草,以免影响幼苗生长。

六、砧木苗的移植

砧木苗可在春夏间进行移植,也有秋天移植的。生产上较多采用秋冬播种,翌年夏天移植,秋冬即可嫁接。

移栽苗床的整地要精细,要做到两犁两耙,争取三犁三耙,然后整地做畦,施农家肥作基肥,畦宽为1米。在水田的苗圃,沟深要30厘米以上。

每亩的移苗数,主要依砧木品种大小的不同而异。一般来说,现在生产上每亩育苗2万～3万株。枳砧和红橘砧可种密些,红檬檬砧则要疏些。小砧木可种密些,大砧木应种疏些。

小砧木苗可在10～15片真叶时移植。移植前的20天内,播种圃里应控制施氮,以免砧苗旺长,造成移栽成活率低。移苗前一天先充分淋透水,拔苗前两小时再淋1次水。拔苗时,轻轻抓住苗木近根部处把砧木苗拔起。拔起的砧木苗,用稀泥浆水浸一下根部即可栽下。若要较远距离调运,砧木苗浆根后,用禾草扎好,竹箩包装,快运快栽。途中防风吹、日晒、雨淋。若砧木苗过大,则应在淋透水后,挖全根苗。剪去过长的主根和主干,主根保留15～20厘米,主干保留20～30厘米。

栽植砧木苗的株行距为10～15厘米×20厘米。每亩为2万～3万株,砧木苗栽下后,即淋足定根水。以后淋水看天气而定,阴天3～5天淋水1次,晴天2～3天淋水1次。半个月后,逐渐减少淋水次数。移植的砧木苗,忌淋水过多,更忌积水。也可把苗移入黑色的营养袋内,袋的规格12.5厘米×12.5

厘米×37.5 厘米,底部有小孔。营养土是富含有机质的松软土壤。这种方法苗木生长快,可提早出圃,并带袋出圃,移植无缓苗期,成活率高。

七、移栽砧木苗的管理

在刚移苗的苗圃中,若发现缺株较多之处,应及时补栽。中耕除草要做细。注意防旱、防涝。当幼苗定根并长出嫩芽后,即可施肥,以勤施薄施粪尿肥或 200 倍的复合肥为主,每月 2～3 次。还可结合防治病虫害,根外喷施 1 000 倍的尿素和 500 倍的磷酸二氢钾或其他多元复合肥。施肥也可用干施法,方法是每亩用 20～30 千克复合肥,结合松土把肥隔行均匀地埋施于行间。注意不要每行都埋施(撒施)化肥,以免伤根。现在还有很多育苗农民喜欢把花生麸粉隔行施于苗地中,一般每亩用 20～30 千克,这对缺乏有机质的土壤效果很好。用花生麸粉育出的苗,叶绿干粗,根系发达,苗木生长快。施肥的主要时期为 5～8 月,冬季较寒冷的地区,入秋后应适当控制肥水,以免因施肥过多,水分充足而促发晚秋梢,遭受冻害。

砧木基部发生的萌蘖,应该剪去,使茎光滑,利于以后嫁接。砧木移栽后,其主要病虫害有炭疽病、溃疡病、潜叶蛾、蚜虫和红蜘蛛。防治方法见病虫害防治一章。

第三节　嫁接苗的培育

一、嫁接的意义

嫁接是培育优质甜橙苗的中心环节。甜橙的嫁接就是把优良的甜橙母本树上的枝条作接穗接在合适的柑橘砧木上,接上去的芽萌发生长而成为新的甜橙植株。甜橙嫁接苗与甜橙实生苗相比较,具有很多优点。嫁接苗能保持原甜橙母树的优良性状，不像实生苗那样会产生各种各样的劣变。嫁接苗一般栽后3年便可挂果，而实生苗则要经过7～8年才可结果。此外，大部分嫁接苗的抗病、抗逆能力大大增强。

二、苗木嫁接

（一）嫁接的适宜时期　嫁接的成活率与气候、嫁接方法的关系较大。一般地说，冬天气温较低的地方，嫁接宜于春季3～4月份和秋季8～9月份进行，冬季气温较高的地区，宜于12月和翌年1月份嫁接。刮大北风的天气，雨天或暑天嫁接都不易成活。

（二）接穗的剪取与处理　嫁接用的接穗要从健壮无病、丰产优质的母树上剪取。接穗要充分成熟，其上的芽眼要饱满。芽条基部芽眼平滑的那一段嫁接成活率不高。接穗宜随采随去叶随接。远距离运输，则应把接穗用略微湿润的草纸或毛巾包好，装在塑料袋内运送。若要较长时间贮藏可用沙藏法：取新鲜干净的河沙，湿度调节成用手插入沙中抽出，掌上粘有沙粒而指甲上无沙为适宜。若指甲上也粘有沙粒，则表示沙太湿，若手掌上也粘不上沙粒，则表示太干。底层先铺一层3厘米厚的沙层，上放一层接穗，再放一层沙，沙厚以刚好盖过接穗为好，一层接穗一层沙地往上铺放。最上层可用塑料薄膜覆盖，以保持较稳定的湿度。这种方法在冬季可贮藏两个月以上。贮藏期间，要注意淋水，补充散失的水分。

在柑橘黄龙病流行的地区，为了防止苗木带病，接穗在嫁接前要用四环素处理：嫁接前，把接穗浸在1 000 ppm的四环素水溶液中2小时，取出用大量清水浸洗干净，马上嫁接。浸泡四环素的时间不要太长，处理后要抓紧时间接完。经四环素处理的接穗不宜贮存，否则嫁接成活率会很低。如果接穗带有溃疡病，可用700 ppm的链霉素液处理1个小时。

（三）嫁接方法 甜橙嫁接方法有几种,现在我国在生产上用得较多的是切接和腹接。切接的优点是:发芽快且整齐,嫁接苗生长健壮,接口愈合又快又好。由于切接剪去砧木上半截,使得嫁接时操作方便,可提高嫁接速度。单芽切接宜于冬季、春天雨季来临前进行。腹接法的优点是:嫁接时期长,春夏秋都可采用,尤其在夏天也可嫁接成活。现将切接和腹接的操作方法介绍如下:

1.切接

（1）**削接穗** 选接穗近基部的第一个饱满芽开始,芽眼向上,在芽下约1厘米处斜削一刀,削去接穗基部不饱满的芽段,削面斜度约45°,然后翻转接穗,将接穗的宽平面向上,从芽眼下开始向前削一平面(从芽点上方削起的为通头芽),要求削下的皮层不带木质部,切面恰到形成层呈黄白色。最后将接穗侧转90°,在该芽的上部0.3厘米处斜削一刀,削面成60°,把芽削断。以上削出来的切面都要求光滑,削下的芽为了保持湿润不粘泥沙,可用一盛有清水的盘承接。如果接穗较粗大或砧木较小,可削小芽。削法:芽眼向上,在芽上方0.5厘米处下刀,向前平削1.5厘米,再在此处把芽斜削下来。

（2）**剪砧和切砧木** 用枝剪斜剪去砧木上截,下截只留5~15厘米,斜面成45°,并斜向畦中间,在剪口斜面低的一方,对准皮层与木质部交界处,由上向下纵切一刀,切口的长度与接芽的长度相当。砧木剪口的高度,亦即嫁接的高度,根据各地的习惯、抗性的要求和砧木的大小而有较大差别,5~15厘米都有,广东多数是5厘米左右。

（3）**放接芽和缚扎** 把削好的接芽放在砧木切口内,使接芽的皮层部分和砧木的皮层部分最大限度地相吻合,若芽与砧木切面的大小不一,必须使接芽与砧木起码有一边的皮层是互相吻合的。放好芽后,就可用嫁接薄膜扎好封紧。在冬暖地区,冬季和早春嫁接的甜橙,为了防止砧木和接芽风干而影响成活率,在用薄膜缚扎后,还要用熔化了的专用嫁接蜡薄涂一层,以密封砧木剪口和接芽的外露部分。

2. **腹接** 切接中所用的通头芽和小芽可用于腹接。切接和腹接的主要不同点在于剪砧和削砧木。腹接剪砧春秋季基本上和切接相同,只不过稍高一点;夏接则不同,仅剪去一部分妨碍工作的部分。腹接削砧木时,在砧木主干离地 6～8 厘米的地方,选平滑处,从上向下纵削一刀,长为 1.5～1.7 厘米,深度以削穿皮层,仅达木质部为度。切面要平直光滑。将削开的皮层上端切去,切去部分占削开总长的 1/3。把已削好的接穗嵌入砧木切口内,下端紧靠砧木切口底部,接穗与砧木的削面要对准。若砧木与接穗的大小相差较大,则接穗应偏向砧木切口的一边,使砧木和接穗之间起码有一边皮层是吻合紧贴的。最后用塑料薄膜缚扎好。

三、嫁接苗的管理

（一）补接与倒砧 嫁接后 15 天,便可检查。看到接芽枯萎变色,就是没有接活的征象,应及时补接。夏季腹接的甜橙苗,成活后要及时倒砧。倒砧的方法是:在接口上方 2 厘米处,剪断 4/5 的砧木,只留带有一些木质的皮层连接,把砧木上截向下压倒。等接穗萌发后,即可完全剪去上截砧木。如果不是夏季的腹接也常在接芽上留一段砧,待接穗的芽长出后也要在芽的上方剪去过长的砧桩。

（二）除萌、整枝 嫁接后,要及时把砧木上抽发的萌芽抹除,每隔 10～15 天抹 1 次。有些接芽萌发时,往往会抽发出不止一个的新芽,这时要把多余的芽轻轻抹除,只留一个健壮且直立生长的芽,以便集中养分供主干生长。有时候,在甜橙嫁接幼苗里,也会从接芽中抽出花蕾,对这些花蕾,要全部摘去,以利枝梢生长。

(三)解除薄膜 当接芽肿胀,将要抽发时,如果在扎薄膜时未留出芽的要用刀尖小心将缚住芽眼的薄膜轻挑一小孔,以利接芽萌发抽生。夏秋台风影响不大的地区,当接芽抽生的第一次梢老熟后,即可解去薄膜。沿海多台风危害的地区则要等台风季节过后才能完全解除薄膜。现在有越来越多的甜橙育苗者乐于采用超薄膜型的嫁接膜。随着嫁接苗的生长,这种超薄型嫁接薄膜会自行断裂,不用人工解除。

(四)定干 当甜橙嫁接苗的主干长到20~40厘米高时,即可摘心或短截,促发侧芽,以长成第一级分枝。第一级分枝的离地高度各地有所不同,广东的分枝较矮,为27~30厘米,四川、湖南等地的分枝较高,多为30~40厘米,可根据当地的习惯和甜橙苗的大小确定苗木分枝时的高度。甜橙苗木一般有3~4条分枝,多余的,应把弱芽或病虫害芽抹去。

(五)肥水管理及病虫害防治 施肥以促梢壮梢肥为主,并结合产地情况进行安排,如广东春梢期不施或少施肥,培养第一次夏梢,照顾第二次夏梢,猛攻秋梢,控制冬梢。气温比较低的地区,8月中旬以后应停止施肥,防止抽生晚秋梢及冬梢,以免嫩梢受到霜冻伤害。

嫁接后到接穗萌发前要控制水分,防止苗地过干或过湿。此外,根据田间杂草滋生情况,应定时除草,一般结合中耕进行,最好能在每次施肥之前安排中耕除草工作。

接穗萌发后的整个生长季节,对炭疽病、溃疡病、红蜘蛛、潜叶蛾、蚜虫、凤蝶幼虫等要及时防治。对检疫性病虫害,要及时清除。

第四节　苗木的出圃

苗木出圃操作得好坏,关系到苗木定植成活率的高低和幼树生长的快慢。因此,必须在出圃前做好准备工作。如:选好天气,以阴间多云、无风的天气为最合适。苗木在出圃的前一天应灌透水。要准备好挖苗工具、包装用品和运输工具。做到适时挖苗,挖好苗快运快定植,以保证定植有较高的成活率。关于苗木出圃的几个问题,分述如下。

一、出圃时期

各地甜橙的定植期,因气候不同而有差异。冬季气温较低的地区,如四川、浙江等地,一般在秋季大量出圃定植。冬季气温较高的地区,如广东和广西的沿海地区,甜橙苗木的出圃定植适宜期较长。从甜橙苗秋梢老熟的 10 月至翌年春芽萌动前的几个月和春梢老熟后的 4～5 月份,都可出圃定植。

二、苗木规格

根、主干、分枝和叶片都健壮的苗木,出圃定植后,不仅易于成活,而且生长迅速,进而利于早结果、早丰产。质量差的苗木,定植后,就算成活了其长势也不好,难以达到早结、丰产的目的。若把带有检疫性病虫害的苗木出圃定植,其后果更是严重。健壮苗木的基本规格要求如下:

第一,不带检疫性病虫害(黄龙病、溃疡病、大果实蝇、瘤壁虱等),这是最基本的要求。若发现带有检疫性病虫害,应把苗木销毁,绝对不能出圃定植。

第二,根系完整,主根、侧根发达,须根多。

第三,主干直立,干高 30～40 厘米以上,有 3 条以上的分枝。嫁接口上方 3 厘米处径粗 0.8 厘米以上,苗的高度要达到

40 厘米以上。

第四,砧木优良,接穗品种纯正,嫁接愈合良好,苗木健壮,叶色浓绿。根、茎、叶上基本看不到病虫为害。

三、起苗和运输

起苗前要淋透水。若未淋透水即挖苗,会造成幼小的须根大量断失,苗木定植难以成活。尽可能使用新的锐利的锄头,以利于深挖,一般要挖 25～30 厘米,以便尽可能多地带有须根。苗木只能用锄头挖起,而不能又挖又拔,拔起来的苗会伤很多根。苗木挖起后,按大小分级堆放。用剪枝剪把苗木主根和大侧根的伤口剪齐。也可适当剪短较长的主根和侧根。之后,用草绳把挖起的甜橙苗一把把缚扎好,每把 50～100 株。再将苗木根部蘸上稀泥浆,泥浆浓度以手插入充分搅匀的泥浆中抽出,看不见指纹,而只能看清楚手背的静脉为适宜。蘸苗木用的稀泥浆,最好混入 10％左右的新鲜牛尿,这样有利于定植的苗木早发和多发新根。浆根时要注意不要把泥浆蘸到叶上,否则会引起落叶。浆好根后,还要用稻草把每一把苗的根部包扎好以保湿护根。根部的包扎物也可用塑料薄膜。包装好的苗木,还要标明苗木品种和砧木品种名称。苗木挖起,包装好标记后,应尽早发运。途中应避免风吹、日晒、雨淋、高温和闷压。运到目的地后,尽早定植。若苗木运输较远或时间较长,种植前还应用稀泥浆再浆 1 次根,以利于提高成活率。

第五章　甜橙果园的建立

建立甜橙果园,必须坚持高标准。要因地制宜,量力而行。根据各地的气候、土壤、劳力状况、投资能力、交通条件、销售前景等因素综合考虑,合理安排土地、品种和发展速度,适当集中人力、物力和土地资源进行适度规模经营。

我国适宜栽培甜橙的广大地区,山地占了土地面积的大部分。过去如此,今后新建和更新的甜橙园也只能是以山地为主要组成部分。随着农业经济结构的调整,很多地方也可以用一部分平地甚至水田来种植甜橙。这样,可以节省建园的投资,易于管理,苗木生长快,能早结、丰产。

第一节 山地果园的建立

甜橙的生产周期长,一般从种植到更新换代,时间都在15年以上,多者数十年,所以建立甜橙果园,应遵循"百年大计,规划在先"的原则。在制订规划前,应首先对规划地区的自然环境条件,如年均温、极端低温、雨量以及植被情况、土壤条件、水源、交通等作详细的调查。建园前,还要对数年后不同甜橙品种的市场需求作科学的预测。在认真调查和科学预测的基础上,作出适合该地区的建园规划。

为了适应我国人多地少这个特点,新建立的山地甜橙园里,只要有条件,可考虑搞立体种养,长短结合,以短养长。山顶和坡度较大的地方以植树造林为主,以涵养水源,防风防日灼,保肥保土,调节小气候。山腰山脚等较为平缓的地方,则种植甜橙。山坑中则可修塘蓄水养鱼,塘基上也可栽种甜橙。那种不论土地肥瘦,坡陡、坡缓,不论是否有水源,不论资金劳力情况怎样,也不论将来的市场动向,都一律种上甜橙的种植法,已被实践证明,在很多地方效果并不好!

一、选择合适园址

甜橙对土壤要求不高,但在微酸性的砂质壤土中生长最好。过粘的土壤种植甜橙不太适宜,要注意改土,尽量避免选坡度大的山地建园。一般来说,甜橙园建在20°以下的缓坡上较为合适。冬季温度较低对甜橙有冻害的地区,应尽量选择南坡和东南坡建园。坡向不同,温度有差异。东、南坡向温度较高,西、北坡向的温度较低。相反,在南部沿海地区,冬季没有冻害,坡向选择主要考虑避开夏秋季的高温日灼,应选北坡或东北坡较好。在黄龙病流行的柑橘园附近,不适宜建园,若要在老的带病的柑橘园附近建园,要注意选择带有一定的隔离条件的地方,或者对老柑橘园进行清理。还有一点很重要的就是甜橙建园一定要靠近水源或可解决水源问题的地方。

二、山地园的道路和小区的划分

小规模的甜橙园,一般在园的中间位置修一条2~3米宽的主路由山脚直到果园最顶一级即可。大面积的橙园,路面应更宽阔。主干路可通汽车,宽6~8米。支路纵横相连,宽4~6米,支路和主干路将橙园分成若干个小区,每个小区内还要修小路数条,小路宽2~4米。机械化程度高的,每小区可在5公顷以上,机械化程度低的,每小区2~3公顷便可。

三、山地园的水利系统

我国甜橙主产区,夏天和早秋多雨,而晚秋和冬季则常常干旱。这样,就要求山地果园既要有排水设施,也应有灌溉设施。为避免果园上方的山洪水冲入橙园,应在橙园最上部开挖一条横向排水沟。同时沿着上山的干路两边各开一条纵向排水沟,把园内和园外的山水引向山下。在南方,很多山脚山坑地的地下水位较高,尤其是春夏阴雨期,其地下水位则更高。若地下水位离地面不足1米,且有季节波动性,修建甜橙园时,务必挖深沟,以降低地下水位,稳定水分的供应。有条件时,对排水困难的山坑地,还可以修塘蓄水,搞立体种养。干旱时,还可以从鱼塘中抽水灌溉,灌溉方式可用沟灌、移动式胶管灌溉,有条件的还可搞低头喷灌或滴灌。

四、修梯田

在山地建立甜橙园,要注意保土、保肥、保水。修建梯田就基本可以达到上述目的。修梯田应达以下标准:梯田要水平修建,梯壁结实可靠;梯级内修有小水沟,利于排灌;梯田内的土壤要深翻压绿,以改良土壤的团粒结构,增强保肥、保水的能力。修梯田的时间,以秋末冬初为好。经过冬季的日晒风化,有利于甜橙幼树的生长。梯田修好后,在种植前应按定植的株行距挖好定植穴,定植时才可做到又快又好。

第二节 平地、水田果园的建立

我国东南和南部沿海的平原地区,尤其是珠江三角洲和潮汕平原,有用平地水田来栽培甜橙的习惯。在水田中建立甜橙园有许多优点:水田灌溉便利;土质多数都较好;开园成本低;幼树生长快;易于管理。但由于水田地下水位高,对于甜橙树的后期生长有不利影响。因此,在水田中建园,主要考虑的问题是如何降低和稳定地下水位。为了降低地下水位,通常采取的方式是深沟高畦式。方法是:在种植前先犁地耕地,再挖浅沟起畦,挖定植穴。种植后,逐年挖成深沟,增高畦面,使地下水位逐年降低,畦面也逐年加高,适于根系生长的土层也越来越厚。这里应注意,成年结果的甜橙园,其深沟中蓄水的水位在一年四季中应较稳定,不要春夏季时水位太高,秋冬季时水位又太低。若水位不稳定,则当水位高时,会涝死下层的根系;当水位低时,尤其是秋冬少雨季节,又会因为根系太浅太少而难以正常吸水而造成甜橙树干旱。

水田建园除了上述的深沟高畦式之外，还有其他方式。如低畦旱沟式，它的畦面较低，沟也较浅，但其沟里是没有积水的，只有在天旱时灌水，水沟才短时间有水，其余时间浅沟内是随时排干水的。这种方式的缺点是，若地下水位高，则甜橙树的寿命短。

第三节　甜橙的种植规格和种植方法

一、种植规格

甜橙在山地的株行距可采用 4 米×5 米，每亩 33 株，或 3 米×5 米，每亩 44 株。平地地下水位高的株行距可采取 4 米×5 米，每亩 33 株。但为了早结、丰产，现提倡适当密植，一般在山地亩种 74～119 株，平地、水田亩种 110～120 株。然后有计划地进行间伐，最后山地保留 33～44 株，水田保留 55 株。

二、种植方法

甜橙定植方法有两种：一种是带土移植，一种是不带土移植。不带土移植适于较远距离的运输。只要挖苗、运苗和栽苗时操作得当，成活率还是有保证的。如果苗地离定植园很近，应采用带土起苗移栽。带土起苗移栽的成活率高，缓苗期短，种后恢复生长迅速。只是带土起苗操作不易，运输也不方便。现在已有越来越多的人采用营养笠或营养袋来培养甜橙苗，这些苗移植的成活率更有保证，幼苗生长更迅速，基本上一年四季都可定植。

甜橙定植时，主要应注意以下几个问题：

第一，甜橙的栽植深度要与苗木在苗圃中生长的深度一致。若栽得过深，则根系恢复生长慢，树长大后，还易得脚腐病；若栽得太浅，则根系易于裸露，幼树生长慢。

第二，根系不要和基肥接触，根系接触基肥后，尤其是接触了未充分腐熟的基肥后，很容易造成烂根伤根，植株很难恢复生长。

第三，根系与土壤要紧密接触，这就需要土壤团粒要细，栽植覆土后，稍加踩实。如果是带土移植的，踩实时，注意不要踩散苗木上原带的泥团。

第四，栽好后，在植株周围培一个高 15～20 厘米、横径 80 厘米的浅盘状土墩，以利承接雨水和保水，并可预防深翻压绿造成的下陷。

第五，栽下后，即淋足定根水，以后若遇晴天，则 1～3 天淋 1 次水，15 天后可慢慢减少淋水次数和淋水量。若是遇到阴雨天，则淋足定根水后基本上不用再淋水。注意淋水不能太多，次数不能太密，否则不易长新根，甚至会造成烂根。

第六，如所栽的橙苗较大，为了减少蒸发，促发新根和新梢，可结合整形，适当修剪橙苗。遇到刮风天，还要插小竹竿支撑橙苗，防风刮倒。

第六章　甜橙果园的管理技术

在栽培上除了选用外观美、质量好、无籽或少籽的良种、优良的砧穗组合、培育壮健苗木和适地栽植外，必须采取综合的措施，对定植的甜橙实行科学管理，才能达到优质高产。

第一节　甜橙园的土壤管理

一、丘陵山地园的土壤管理

（一）幼龄树的土壤管理

1. **深翻改土**　甜橙根系生长要求深、软、松、肥的土壤环境，丘陵山地的土壤比较瘦瘠，质地差。要取得高产优质，一定要改良土壤。改土的办法常采用的有扩沟法和扩穴法。

（1）**扩沟法**　定植前每行已挖沟改土的果园采用此法。定植后第二年开始，每年1次在壕沟的上方或下方挖宽30～50厘米，深50～60厘米的沟，挖沟位置逐年外移。挖好沟后，分层填入绿肥。只要草料容易解决，一年四季均可进行。接近结果期的树，最好在9月秋梢老熟后或11～12月填绿肥，深挖时断去部分根对花芽分化有利。每株用肥量：绿肥50～100千克，堆肥、厩肥或猪牛粪20～30千克，石灰0.5～1千克。

（2）**扩穴法**　定植前开深大植穴，施足基肥。局部地方进行了改土的采用此法。定植后第二年开始进行，在原植穴两侧开宽30～50厘米、长80～100厘米、深50～60厘米的穴，翌年在另两侧挖穴，分层填入绿肥改土，然后逐年向外移挖穴位置，逐步使全园的土壤都深翻改土1次。用肥量与扩沟法同。

2. **间种**　幼龄甜橙园株行间空地较多，利用其种植作物，既可保持水土，防除杂草，改善地面生态环境，提高土壤肥力，又可增加前期经济收入，做到以短养长。

凡土壤较肥沃，有水源，劳力及肥料较充足的可以间种花生、大豆、绿豆、豇豆、萝卜菁（满园花）、紫云英等。土质差，肥力不足可以间种较粗生的绿肥，如牧草、耳草、无刺含羞草、毛蔓豆、黄花苜蓿、紫花苜蓿等。园边可以种多年生直立性绿肥，如山毛豆、猪屎豆、金光菊等。

甜橙的幼树根系分布范围比树冠略大,间种作物不能离树太近,定植后1～2年生的幼树应留出1～1.5米的树盘。

间种的作物要合理轮作,加强管理,夏季利用间种作物覆盖地面,秋冬利用间种作物作有机肥源,压绿改土。

3. 中耕　中耕可以使土壤疏松,减少土地水分蒸发,改善土壤通气状况,利于微生物活动,促进肥料分解,提高肥效。中耕还可以除去杂草,消灭地下害虫。但雨水较多的地方,常中耕如遇暴雨,会使土肥流失。因此,何时中耕,中耕多少次,要因地制宜。一般每年3次:第一次可结合间种进行,另外两次,可在雨季结束前和冬季采果后各1次。广东杨村华侨柑橘场很重视秋旱前和采果后的中耕工作。中耕深度15～20厘米,越接近树干中耕宜越浅,以免损伤大根。

4. 覆盖　覆盖可以减少水分蒸发,提高土壤含水量,减少水土流失,在高温干旱季节,可以降低地表温度3.4～3.6℃,避免高温灼根。在冬季可以提高土温2.3～3℃,可以缩小土壤季节温差、昼夜温差以及土壤上下层的温差。

覆盖有死物覆盖树盘或全园以及生物覆盖2种。在高温干旱或暴雨季节或秋冬干旱期间,利用杂草、稻草等覆盖在树盘上面。草应离开根颈和主干,以免天牛等为害。厚度10～15厘米。或用生草法进行生物覆盖。

5. 水土保持工程的修益　丘陵山地甜橙园,因雨水的冲刷,有些横排蓄水沟被泥沙填塞需要清理,有些塌方应修补,一般在冬季进行。

(二)初结果树的土壤管理

1. 继续完成扩穴改土　初结果树如改土工作尚未完

成,仍要继续进行扩穴改土。时间可掌握在 9 月或 12 月进行,通过断根促进花芽分化。

2．用生草法改土　进入结果期不进行间种,一般采取生草法改土,但树盘仍要保留一定位置不长草,刈草覆盖。树盘周围秋末冬初中耕 1 次,以提高植株对养分的吸收,促进果实膨大,也有利于花芽分化。

3．水土保持工程的整修　每年冬季进行 1 次。

4．深翻改土　春芽萌动前全面深翻土壤,深度以 12～15 厘米为宜,深翻结合埋入堆肥等物,增加土壤有机质,改良土壤的通透性。

(三)旺盛结果树的土壤管理

1．深耕　甜橙进入盛果期后,根系也进入旺盛生长期,但具有吸收能力的根一般寿命只 2～3 年,而且吸收能力逐年下降。若以当年长出的新根吸收力为 100% 计算,则第二年只有 35%,第三年就只有 10%。因此,要不断更新根系,办法是在采果后至霜冻前,靠近主干进行浅中耕,深度 15～16 厘米。也可在树冠滴水线处挖放射沟,然后施农家肥料,改善土壤理化性状,第二年第一次根的生长高峰期能长出大量吸收能力强的新根。由于根的吸收机能及时得到恢复,提高了植株对养分的吸收,使地上部枝梢生长、开花结果保持旺盛状态。

2．培土　随着树龄的增大,常有露根现象,通过培土可以加厚生根层,增加新吸收根数量,延长旺产期限。

3．水土保持　冬季对水土保持工程进行 1 次整修。

(四)衰老树的土壤管理

衰老树的土壤管理主要抓深耕,增施农家肥,培土,更新根系工作。随着甜橙树的衰老,根系也衰老,与地上部要更新修剪一样,也要进行根系的更新。通过深耕15～20厘米,断去衰老的根,然后施农家肥、培土,使其发出大量新吸收根,吸收养分,使树势得到恢复。

二、平地园的土壤管理

(一)幼龄树的土壤管理

1. **间种** 平地(含水田)幼年果园,水利条件较好,土壤肥沃,为了充分利用土地,增加前期收入,以短养长,可以间种豆科植物或蔬菜等,不宜种植高秆作物,树盘周围不宜间种。

2. **中耕** 春季发芽前进行1次,深度5厘米,以利发根;夏季不中耕;秋旱前进行1次比春天稍深的中耕,约7厘米,以减少土壤水分的蒸发;冬季可进行1次深耕,深度约10厘米。

3. **培土** 平地甜橙如种在水田,原是起墩种植的应逐年培土扩大栽植墩,然后逐渐整理成畦。

4. **排灌系统的整理** 原来排灌系统经一年耕作及雨水冲刷,沟里由于泥沙积集变浅,影响排灌,冬季要全面清理一次。如果是地下水位高的地方,要想办法逐年挖深排水沟,使水位降低,以利根系正常生长发育。

(二)初结果树的土壤管理

初结果树如果是比较密植的果园,在不间种的情况下,可全面整理成畦,采取免耕法或生草法,树盘用死物覆盖。如果要中耕,基本与幼树同,不过冬初那次可深些,通过松土断去部分根系,以利花芽分化。冬季进行1次排灌系统的整理。

(三)旺盛结果树的土壤管理

旺盛结果树地下难于长草,采用免耕法,但冬季要深翻,施农家肥,培土,促进新吸收根生长,使根系密集层增厚,使树势尽快恢复。深耕10～

15 厘米,每株施堆肥或塘泥有机肥 25～50 千克。培上 100～200 千克土效果很好。同时进行 1 次排灌系统的整理工作。

(四)衰老树的土壤管理 与山地甜橙一样要进行根系更新,办法可采取开放射沟办法,断去部分径粗 2 厘米以上的侧根。同时断去表层的须根,施农家肥、培土,以达到更新目的。

第二节 甜橙的科学施肥

甜橙的生长发育需要多种营养物质。根据甜橙的不同品种以及其不同时期的需要和土壤的肥力状况,进行科学施肥,才能实现早结、丰产、稳产、优质、长寿。

一、营养需要

甜橙需要的常量元素有碳氢氧氮磷钾钙镁硫,必需的微量元素有铁锰铜硼锌钼等。在 15 种必需的营养元素中,碳氢氧几乎占橙树总干物质的 95%。碳氧大部分来源于空气中的二氧化碳,由叶面来吸收,小部分从土壤中的有机物质分解时获得。氢的来源是水。氮磷钾钙镁 5 种常量元素,需要人工施肥才能满足它的需要。此外,土壤常缺硼锌锰等,需要矫治才能使其生长发育正常。

(一)各种元素对甜橙生长发育的生理作用

1. **氮** 氮是构成甜橙树体蛋白质的重要元素(蛋白质含氮 10～18%),又是叶绿素的主要成分。蛋白质是细胞组成的基本物质,是生命活动的基础。叶绿素是甜橙进行光合作用时必需的物质。据研究,甜橙对氮比对磷钾敏感,是影响产量的最直接因子。在一定范围内它的产量和氮肥的施用量呈明显的正相关。施用适量氮肥可使叶片大、叶色绿,提高光合作用,促进营养生长。当氮素不足时新梢生长短弱,叶片细小,叶色淡黄而薄,坐果率低,结果少,果实品质欠佳,易出现大小年结果,树体早衰,易形成小老树。如果氮量过多,体内碳氮比失调,生长过旺,不利于花芽分化,落花落果严重,果皮着色差,产量与品质降低。

2. **磷**　磷是甜橙树体中重要生理活动的核酸、核蛋白质、卵磷脂和酶等物质的主要成分,也是吸收代谢中能量转换的物质。在光合作用、呼吸作用以及能量代谢过程中,磷酸都起重要的作用,磷酸缺少,这些活动就受到阻碍。磷还可以促进根系的发达,增强抗旱能力,并能促进发育,缩短营养生长期,加快种子形成,降低果实柠檬酸含量,提早果实成熟,提高果实品质,增加单株产量。如缺磷,酶的活性降低,碳水化合物和蛋白质的代谢受阻,分生组织的分生不能正常进行,新梢和根系生长减弱,叶片变狭小,糖不能正常转移,老叶失去光泽,由暗绿色转变为青铜色,引起早期落叶,果皮增厚,果实含酸量增多。如过量,特别是在氮素缺乏情况下,会使果实细小,产量下降,同时易引起铜、锌缺乏症。贮藏用的甜橙也不宜多施磷肥,否则果实含酸减少,贮藏后风味较易变淡。

3. **钾**　主要存在于甜橙的茎叶中,尤以幼嫩部分最多。钾能使细胞质胶体充分膨胀,有利于代谢作用的进行,减少蒸发,又能提高光合作用强度,有利于糖类的合成。钾素不足时,不能有效地利用硝酸盐,影响蛋白质的合成,使营养生长减退,抽出的新梢弱,提早停止生长。缺钾还使单糖在叶中的积累增多,影响光合作用与碳水化合物的代谢,果实因输送的糖类减少而变小变酸,果皮变薄易裂,果熟后耐贮性变差。钾肥过量也会使枝条生长受到抑制,节间短,叶片硬化,树势衰弱,树冠矮化,果实酸量增加,品质降低,并易发生缺镁、缺钙症状。

4. **钙** 钙是细胞壁果胶的主要成分,是顶端分生组织继续生长必需的物质,甜橙缺钙,则细胞不能分裂或分裂受抑制,生长点尤其根尖受害。根生长停滞,不耐缺氧,抗湿与抗菌性弱,易烂根。新梢纤弱早枯,尖端常呈丛芽。叶退绿先是叶缘出现,逐渐扩展到叶脉间,严重时主脉黄化,有时在叶面出现细小死斑。缺钙植株开花多,落果严重,产量低,果小味酸,汁胞收缩,果形不正。钙的含量影响土壤的酸碱度,甜橙适宜生长的土壤是微酸性,氢离子浓度为 316.3~3 163 纳摩/升(pH 5.5~6.5)。过量会降低磷锰铁锌铜硼的有效性,叶表现斑驳。

5. **镁** 镁是叶绿素的构成成分,是光合作用不可缺少的元素,还参与磷酸化合物等的生物合成。缺镁时,先是老叶的镁向幼嫩组织转移,新梢下部的老叶表现失绿症状,叶脉间的叶绿素退色,从叶尖开始出现"∧"形黄化带,仅叶基部保持三角形的绿色区。缺镁严重,叶片全部黄化。酸性强或砂质重的土壤,镁易流失,常表现这种症状。

6. **锌** 锌是甜橙植株体内碳酸酐酶的成分,在光合作用中起重要作用。锌又参与植株体内多种生长素的合成,因此,缺锌时,新梢上的叶片显著变小而窄尖并多直立。主、侧脉及其附近为绿色,其余部分黄绿色或黄色呈花叶状,随后小枝枯死。缺锌时畸形花、退化花增多,落蕾严重,坐果率低,果实小,成熟时果皮色泽浅,果肉汁少而味淡,产量降低。

7. **锰** 锰是甜橙植株体内氧化还原酶的成分,对叶绿素的形成,体内糖分的积累和运输有很大的作用,能提高果实含糖量。缺锰的叶片与缺锌的病状相似,但缺锌的黄化部分很黄,而缺锰的则带绿色。缺锌的嫩叶显著变小而狭,而缺锰的叶片则大小和形状基本上正常,老叶也表现症状。严重缺锰,叶片早期老化脱落,新梢生长受到抑制,有的枯死。如果植株缺锌又缺锰,则小枝枯死更多。

8. **硼** 硼能促进碳水化合物的运转,与分生组织和生殖器官的生长发育有密切关系。缺硼时叶片向后弯曲,叶脉稍肿大,叶背有黄色水渍状斑点,老叶失去光泽,严重的主、侧脉破裂木栓化,叶片容易脱落。幼果缺硼初期出现乳白色微凸小斑,严重时出现下陷的黑斑,把果实横切,可以看到白色的中果皮和果心有黄色、黄褐色的胶状物。这种症状从花瓣脱落至幼果横径 1.5 厘米左右时陆续发生,引起大量落果。残留的果实小、坚硬,果面起瘤,果皮厚,果汁少,种子败育。

9. **钼** 钼是构成硝酸还原糖(钼黄素蛋白)的必要元素,能促进硝酸还原,有利于利用硝态氮。还能增进光合作用,增加磷酸酶活性,增加体内维生素 C 的合成。缺钼时早春在叶脉间先出现水渍状斑点,以后扩展为黄斑症状,严重时可导致全树落叶,果皮出现带黄晕不规则的褐斑,叶和果都在向阳部分出现病斑较多。夏季叶背流胶后变成黑褐色坏死斑块,并开裂成孔洞。酸性土易出现缺钼症状。

10. **铁** 主要参与酶的活动,是叶绿素发育期叶绿素蛋白质合成所必需的元素。

(二)甜橙缺素的矫正办法 缺乏氮磷钾钙可以通过施肥来纠正。

缺镁可在土壤中增施农家肥基础上适当施入镁肥,也可在幼果期至果实迅速膨大期每月喷 1 次 1‰的硫酸镁,效果显著。喷时加入微量硫酸锌、硫酸锰或 0.3～0.5‰的尿素,可提高硫酸镁的效果。

缺锌在春梢萌发前喷 0.4～0.5％硫酸锌,萌发后喷 1～2
次 0.1～0.2％硫酸锌,对微酸性土壤结合施基肥每株施用硫
酸锌 100～150 克,效果显著。酸性大的土壤,锌变为不容易溶
解的化合物,不能被柑橘吸收,施用石灰中和土壤的酸性有一
定效果;若因缺镁缺铜而导致缺锌的,单施锌盐效果不大,必
须同时施用含镁铜锌的化合物才能获得良好的效果;增施农
家肥,提高土壤的缓冲性,能增加土壤可给态锌的含量。

缺锰在酸性土可用硫酸锰混合其他肥料施用。碱性土则
可喷硫酸锰、生石灰混合液(0.2～0.5％硫酸锰加 1～2％生
石灰);酸性大的土壤适当施用一些石灰有防治效果。

缺硼在春梢萌发后至盛花期喷 1～2 次 0.1～0.2％硼酸
溶液或硼砂溶液。酸性大的土适当施用石灰,施用含硼较高的
农家肥如草木灰、绿肥(金光菊)等。

缺钼可增施石灰,喷 0.1～0.2％钼酸铵来矫治。

缺铁在新梢生长期,每半个月喷 1 次 0.1～0.2％硫酸亚
铁和增施农家肥来矫治。

二、施　肥

甜橙的施肥必须根据品种、树龄、树势、产量、季节、天气、
土壤不同情况进行,才能达到栽培的目的。

(一)幼龄树的施肥　施肥的目的是加强树体营养生
长。掌握勤施薄施原则,着重梢前梢后施,促使每次新梢生长
正常,力争一年抽生 3～4 次壮健的枝梢。施肥量见表 9。

表 9 脐橙定植幼树全年施肥量 （千克/株）

树　龄	氮	五氧化二磷	氧化钾	氮：磷：钾
第一年	0.15	0.05	0.05	10：3.3：3.3
第二年	0.25	0.125	0.10	10：5：4
第三年	0.35	0.250	0.15	10：7.1：4.5

（二）初结果树的施肥　初结果树（4～5年）施肥目的是尽快提高产量的同时还要继续扩大树冠和根系，促进树体生长。施肥重点是促进抽发足够数量的结果母枝。施肥原则是冬季、春前、秋前重施，夏前不施。

1. **催芽肥**　在春芽前10～15天施下，以速效氮磷肥为主，每株0.2千克尿素加0.2千克复合肥。假如树比较壮旺可以减少施肥量。脐橙、夏橙花量较大的，尿素可适当增加，每株约0.125千克即可。

2. **谢花肥**　要看树、看花量来施，树弱、花多可少量施速效氮肥，每株尿素0.2千克，假若树壮、花少可不施，以免引起落花落果。

3. **壮果促梢肥**　秋梢抽出前10～15天施，目的是在加快果实膨大的同时，促进秋梢抽发整齐、壮健。这次肥以腐熟的人粪尿或腐熟的花生麸水最好。每株0.5～1千克饼肥或尿素0.2千克，人畜粪10千克。

4. **采果肥**　目的是恢复树势，一般在采果后进行，也有的在采果前施入，施速效氮。

5. **过冬肥**　结合深耕施农家肥作为全年的基肥施用。施肥量，不同品种，不同栽培地区略有差异。如红江橙，据广东省农科院果树研究所的试验认为，中等肥力果园3～5年生，株产 15 千克,每株年施纯氮 0.18～0.20 千克,纯钾 0.2～0.225 千克,一般掌握氮磷钾的比例为 1:0.7:0.6 较为适宜。

(三)成年结果树的施肥 盛产期,结果量多,营养生长减慢,如施肥不足,使树体营养水平下降,营养生长与生殖生长失去平衡,很容易产生大小年结果或使树势衰退。因此,施肥量要多,一年中以春梢前、秋梢前、采果前后以及冬季 4 次为主。

1.**春芽肥** 在春季抽发前 10～15 天施,以速效氮肥为主,开深 10 厘米左右深沟施下,可株施 0.5～1 千克尿素,加 0.5～1 千克复合肥。

2.**谢花肥** 也称稳果肥。因花量大,开花消耗了树体大量养分,特别是脐橙等花量特别大,开花后常引起叶色变淡,此时正值幼果生长发育期,及时施上稳果肥可以显著提高坐果率。花多应在开始谢花时施,花少一些的可以在谢花后期施,以施含氮量高的速效肥配合农家肥为主。株产 50 千克果的树可株施尿素 0.5 千克,或尿素 0.4 千克加粪水。还可结合除虫进行根外喷施 0.3～0.5% 尿素加 0.2% 磷酸二氢钾。

3.**壮梢壮果肥** 在秋梢抽发前 15 天左右开深约 10 厘米的沟施下。株产 50 千克果的树可施腐熟饼肥 4～5 千克,或麸肥 1.5 千克加尿素 0.5 千克,加氯化钾 0.3～0.5 千克。秋梢老熟后再施 1 次肥,以磷钾肥为主,使树体积累充足的养分,为翌年开花作准备。

4.**采果肥** 早熟种采前施,结果多的采前施,以农家肥为主结合速效化肥。结果 50 千克的树,可株施土杂肥 50 千克,尿素 0.5 千克,复合肥 1 千克。农家肥也可结合深耕施下。一年中氮磷钾的比例为 1:0.5～0.6:0.8。下面介绍广东一些高产园的施肥量,供参考(表10)。

表10 广东省高产甜橙园的施肥量和产量情况 （单位：千克/亩）

单 位	品 种	树龄 (年)	全年各种肥料施用量				株数 /亩	产量 /亩
			尿素	磷肥	花生麸	其他肥料		
广州郊区罗岗公社大朗一队	暗柳橙	8	74.5	27	378	粪水 6750	90	5765
杨村柑橘场石岗岭分场	新会甜橙	14	105	210	210	塘泥土杂肥 10500	70	1750
增城朱村大队四队	暗柳甜橙	11	70		205	头发 75，氯化钾 25，土杂肥 7500	100	4500
梅县扶大农场	丰彩暗柳甜橙	7	50	150	250	牛猪粪 5000，粪麸水 5000，复合肥 250，硫酸钾 150，石灰 100	100	8257.5

(四)衰老树的施肥 衰老树营养生长减弱,叶幕层越来越薄,叶少花多,坐果率极低,对这种树的施肥应适当增加氮肥量。可结合更新根系时增施农家肥,增强根系吸收能力,并在每次抽梢前,特别是抽发春梢时要增施氮肥,一年中氮磷钾比例掌握在 1：0.5：0.6 为宜。

(五)施肥量 不同树龄施肥量的确定是一个比较复杂的问题,它受品种的吸肥能力、土壤的理化性状、肥料的种类、气候条件及产量水平、果实品质要求等多种因素的影响,较难确定标准施肥量。目前,国内各产区主要参考丰产园的习惯施用量。科学的施肥量应是借助叶片和土壤营养诊断,结合田间施肥试验,参照本地区丰产园的习惯用量进行调整。夏橙和脐橙、锦橙叶片营养诊断标准见表11和表12,可作为指导合理施肥的参考。

表 11　成年幼龄夏橙和脐橙叶片营养分析诊断的标准

Embleton(1973)

元素	干物质为基础的单位	范　　　　围				
		缺乏	低	适宜	高	过剩
氮	%	<2.2	2.2～2.3	2.4～2.6	2.7～2.8	>2.8
磷	%	<0.09	0.09～0.11	0.12～0.16	0.17～0.29	>0.30
钾	%	<0.14	0.40～0.69	0.70～1.09	1.10～2.00	>2.30
钙	%	<1.6	1.6～2.9	3.0～5.5	5.6～6.9	>7.0
镁	%	<1.6	0.16～0.25	0.25～0.6	5.6～6.9	>1.2
硫	%	<0.14	0.14～0.19	0.2～0.3	0.4～0.5	>0.6
硼	ppm	<21	21～30	31～100	101～260	>260
铁	ppm	<36	36～59	60～120	130～200	>250
锰	ppm	<16	16～24	25～200	300～500	>1000
锌	ppm	<3.6	16～24	25～200	110～200	>300
铜	ppm	<0.06	3.6～4.9	5～16	17～22	>22
钼	ppm		0.06～0.09	0.10～3.0	4.0～100	>100
氯	%			<0.3	0.4～0.6	>0.7
钠	%			<0.16	0.17～0.24	>0.25

注:取自春梢营养枝先端5～7月龄叶片

表 12　锦橙叶片营养元素适宜范围

元素	氮 %	磷 %	钾 %	钙 %	镁 ppm	铁 ppm	锌 ppm	锰 ppm	铜 ppm	硼 ppm
适宜范围	2.75～3.25	0.14～0.17	0.7～1.5	3.2～5.5	0.2～0.5	60～170	13～20	20～40	4～8	40～110
比值	1	0.052	0.37	1.45	0.12					

注:取自春梢营养枝先端6个月叶龄的叶片

(六)施肥方法　有根际施肥和根外追肥两种:

1. 根际施肥　山地与水田的方法不同,山地甜橙的根际施肥位置在树冠滴水下开长状沟、盘状沟、放射状沟或穴状沟4种形式(图7)。深浅宜遵循的原则是:春夏浅施,秋冬深施;根浅浅施,根深深施;化学肥料浅施,农家肥深施;追肥宜浅,基肥宜深。施后要及时覆土。平地果园如地下水位低可参

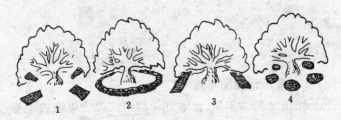

图7　施肥方法

1.放射状沟施肥　2.盘状沟施肥　3.长状沟施肥　4.穴状沟施肥

考山地进行。如果是水田甜橙它的施肥一般不用开沟，把肥淋施在树冠滴水下或经松土后或在雨后撒施在须根较多的地面上。冬季施基肥开沟或开穴施，深度比山地的浅。此外，施肥要看天气，大雨不施肥，雨后晴天要抓紧时间施，雨季多施干肥，旱季以水带肥。

2. **根外追肥**　在每次新梢抽出时进行。即把肥料溶液喷施在树冠的枝叶上，让其吸收。所喷的肥料以离子状态或分子状态存在，借着水分的移动，从叶片底面的气孔(也有部分从叶片表面的表皮细胞)进入体内。尿素喷后24小时可以吸收85%，一般应喷在吸肥力最强的幼嫩枝叶上，并在阴天或傍晚喷效果最好。根外追肥用量见表13。

表13　叶面喷施溶液浓度表

肥料种类	喷施浓度(%)	肥料种类	喷施浓度(%)
尿　　　素	0.3～0.5	钼酸铵	0.01～0.05
硫　酸　铵	0.3	硫酸亚铁	0.1～0.3
硝　酸　铵	0.3	硫酸锌	0.3～0.5
过磷酸钙浸出液	1～2	硫酸锰	0.3～0.5
草木灰浸出液	2～3	硫酸铜	0.1～0.2
硫　酸　钾	0.3～0.5	硫酸镁	0.3～0.5
复　合　肥	0.5～1	硼　砂	0.1～0.2
磷酸二氢钾	0.2～0.5	硼　酸	0.1～0.15

第三节　合理灌溉

一、丘陵山地果园排灌

丘陵山地的幼年树，已做好深翻扩穴改土以及松土覆盖等防旱措施，除特别干旱外一般不用灌水。但结果树，特别是丰产树，遇天旱、空气湿度小，蒸腾急剧上升，需水量猛增，若不及时供水，吸水与失水不能平衡，根系和各部生长停滞，叶片萎蔫，时间一长就影响产量。为了取得丰收，在不同生长季节采取不同措施，及时满足它对水分的需要是非常关键的。

（一）**灌水时期**　应根据甜橙的物候期对水分的需要量、土壤含水量和各地气候条件等因素决定。春季橙树发芽需要一定的土壤湿度，以保证春梢抽发齐一，正常生长，这时如遇干旱应适当灌水，保持土壤湿润。夏季雨水较多，以排水为主，但初夏生理落果期间如遇 7～8 天高温干旱天气，则要适当灌溉，以免引起大量落果。秋季是放秋梢结果母枝时期，又是甜橙果实迅速膨大时期，需水量多，如土壤水分不足要及时灌溉，特别是秋旱后更应注意。初冬果实仍继续增大，遇旱仍要灌水，但花芽分化期间要适当控制水分，如灌水太多会影响花芽形成。对中熟种在采前应适当灌水，迟熟种如夏橙整个冬季应保持最适土壤含水量。凡需灌水时期，土壤的田间持水量低于 60％ 就要灌水。也可凭经验来判断是否需要灌溉，例如，对壤土和砂质土，取 10 厘米以下的土用手紧握能形成土团，再挤压时土团不易碎裂，说明土壤湿度约在最大持水量的 60％ 左右，一般可不必进行灌溉。如手松开后不能成团，则说明土壤湿度太低，需要进行灌溉。如是粘土，捏时成团，但轻轻挤压易发生裂缝，则说明水分含量少，需进行灌溉。

（二）**灌水量**　适宜的灌水量应是在1次灌溉中使橙树主要根系分布层的土壤湿度达到最有利于其生长发育的程度，即相当于土壤持水量的60～80%。

（三）**灌溉方法**　根据水源、土质以及经济状况可采用浇灌、沟灌、漫灌、喷灌、滴灌等方式。

浇灌是当水源不足，梯面不平时采用人力或胶管浇灌。方法与施肥相同，在树冠滴水线下开圆形、弧形或长方形浅沟，也可与施肥结合，灌水后及时培土。

沟灌是在水源足、灌水沟完善的果园，利用自然水源或机电抽水，开沟引水灌溉。当树冠已基本交叉，园地平整，也可进行全园漫灌，灌水后园土稍干，即浅松土保墒。

喷灌有移动式和固定式两种，最好是用固定式。喷灌果园时将连接水泵的管道埋于地下，按一定的距离设置喷水竖管，竖管上安装喷头进行空中喷灌。据杨村柑橘场庄胜概等对甜橙园喷灌试验结果认为，喷灌具有节约用水，保持土壤水分，调节空气湿度，有利于树体的生理作用，比沟灌可以增产2.9%。

滴灌是在树盘处设滴水装置，是最节约用水的一种办法。

二、平地果园排灌

平地果园往往是地下水位较高，雨季常常容易出现水分过多，使土壤通气不良，树体受到涝害。根据南方橙区的气候特点和甜橙树生长发育对水分的要求，一般是按春湿、夏排、秋灌、冬控的原则进行排灌。

春湿是指土壤保持湿润，使春梢抽吐整齐，开花结果良好，如遇春旱要灌水。

夏季是雨水最多的季节，一般砂质土土壤含水量大于40%，壤土大于42%，粘土大于45%时要排水。特别要注意疏通排水沟，做到雨天不积水，洪水不入园。遇天旱要引水浅灌畦沟，以保持园土湿润。

秋天正值抽吐秋梢和果实膨大期，出现秋旱，掌握田间持水量不足 60％就要灌水，具体来说砂质土含水量小于 5％，壤土少于 15％，粘土小于 25％时要灌水。一般 7～10 天 1 次，最好下午 4 时以后引水灌溉，保持土壤湿润。深沟蓄水式果园早秋浅灌，深秋深灌蓄水，经常戽水淋湿地面，如遇秋季暴风雨，应注意雨后排水。

冬天果实成熟前，果实仍在膨大，需水较多，仍应视土壤含水情况调整灌溉，如干旱每隔 7～10 天灌水 1 次。晚冬是甜橙花芽分化期，需要有适度的干旱，因此要控水，一般掌握畦出现龟裂，秋梢叶片中午微卷，翌晨开展恢复，保持 20 天左右，叶色稍退即可。控水不宜过度，如出现秋梢叶片卷至次日早晨仍不开展，应及时灌跑马水。迟熟种夏橙比较容易形成花芽同时有果挂在树上，除初结果树需适当控水外，一般不宜控水。

第四节　整形与修剪

整形是通过人工方法，使植株形成和保持一定的树形，使树体结构合理，为早结丰产奠定基础。修剪是用修剪方法，调节生长和结果的关系，改善光照，平衡树势，延长盛果期，更新复壮老树，从而达到早结、丰产、长寿的目的。

一、幼树的整形

甜橙的树形由于品种不同，砧木不同，整形修剪方法不同而略有差异。但多是自然圆头形，也有塔形、谷堆状的。

（一）定干　干高指树干自地面至第一主枝之间的距

离,定干的高矮常因栽培方式、土壤环境、苗木特性等因素而各有不同,广东等省推广矮、密、早、丰栽培,定干稍矮,留主干27～30厘米。湖南的冰糖橙一般留主干30～35厘米。湖北的脐橙留主干30～40厘米,四川的夏橙永久植株留主干30～40厘米。

（二）留主枝 主枝一般留3个以上,留得太少结果层次减少,产量不高;留得过多,主从不明显,互相荫蔽,内膛枝易枯死,树势易衰弱而减产。结果良好的高产树一般都有4～6个主枝。主枝在主干上位置的分布要均匀。

（三）定植后的整形 从种植到开始结果基本上属整形阶段,整形要注意的事项是顺应品种的生长特性,随树造型,使其大体上符合树型模式的要求。因此,定植后2～3年内,首要工作是除主干上的萌芽,但确有补空作用的应保留。其次要平衡树势,调整分枝角度,枝条角度不合适,可采取拉线整形法,调整分枝角度。其三是对徒长枝条要及时短截,促使多发梢,以求树冠紧凑。此外,幼龄甜橙的夏秋梢常抽出不一,为使发梢整齐和多抽梢,应适当抹芽控梢。方法是"去早留齐,去少留多"。

二、幼年结果树的修剪

幼年结果树一般不用修剪,但为了早结丰产,有些特殊株系仍需适当处理。如树势比较壮旺的树,大量夏秋梢抽吐会引起大量落果,因此,要控制夏梢,一般用抹芽方法控制。冬季修剪时可适当剪除失去结果能力的下垂枝、短截徒长枝和衰弱的冬梢。

三、成年结果树的修剪

甜橙的树冠内部枝条有一定的结果能力,如不是过密过弱一般不宜剪去,修剪的重点是更新树冠中上部的衰弱枝条或交叉枝。通过修剪改善树冠结构，使其层次分明，提高光照度，增加树冠内膛的结果能力，形成立体结果。

广东对暗柳橙、新会橙、改良橙、雪橙的修剪方法基本上是采取短截回缩，压顶除霸，疏外整内等方法。与吴金虎等提出的对脐橙的修剪采用"一开、二疏、三回缩"基本相同。

短截回缩主要对象是树冠上中部外围的果球枝（一枝上集中结几个果）、落花落果枝和各类型的衰退枝。回缩修剪应留5～10厘米长枝桩，以便抽吐新梢。剪口粗度必须根据树龄而定。壮树剪口宜细，老树剪口宜粗，剪口越粗抽枝力越强，但剪口过粗则萌发的新梢过长过旺，不利于形成花芽。夏季高温多湿发梢力强，剪口粗度以0.5～0.8厘米为宜。冬春温度低萌发新梢能力不及夏季，剪口可比夏季剪得粗，剪口直径一般以0.8～1.2厘米为宜。剪口过细萌发出来的新梢弱，起不到复壮作用。对过长的枝梢及因抹除夏芽时造成肿瘤的芽要适当短截，也可促发健壮新梢。

压顶除霸是对树龄较老或经过丰产后其树冠顶部开始衰退的枝条进行压顶修剪。对壮年树树冠顶部一些生势过强的徒长枝从基部剪去，不留枝桩。

疏外整内是要求内膛不空，外围不密，修剪原则是从外到内，从上到下，对于树冠外部过密枝，株行间交叉荫蔽枝序在冬剪时适当进行疏剪，使阳光斜照入内膛。树冠内部的枝条应尽量保留，只适当疏剪一些过度荫蔽、纤弱、叶片薄而少的枝组，以增强树冠内部和下部的结果能力。但要注意因各品种的结果特性不同，不同品种的修剪方法应有所不同。

修剪时期，广东推广一年两剪。夏剪在放秋梢前15～20天，目的促吐壮健的结果母枝。冬剪在采果后，主要是回缩衰退的果球枝，疏剪过密枝和荫蔽枝序，剪除树冠顶部衰退枝。

四、衰老树的更新修剪

进入衰老期以后,营养生长极弱,衰老枝组增多,产量下降,采用更新修剪就是剪除树体衰老部分,促其形成新的树冠,以提高老树的生产能力。一般根据不同的衰退程度而采取轮换更新、露骨更新、主枝更新等不同方法。在树冠更新的同时,可结合根系的更新,并施足腐熟的农家肥以促其生长。

五、几种品种的修剪

(一)锦橙的修剪要点 锦橙树势强健,树冠圆头形,树姿较开张,枝条长壮柔韧。采用矮干(30～35 厘米),3～4 个分布均匀的主枝,对副主枝及侧枝的培养按自然圆头形的要求进行。对强树采取疏枝短截结合,适当回缩外围密枝,培养内膛枝,疏剪密弱枝。长势中等的树,弱枝、强枝均少,采取轻剪一二年生枝为主,适当短截衰弱枝,回缩上盖枝,培养内膛枝。对弱树,因弱枝多,要疏枝短截相结合,适当重剪,以更新枝序为主,多短截外围的衰退枝,要压顶更新,培养内膛枝。修剪后整个树冠呈小波浪的自然圆头形。

(二)冰糖橙的修剪要点 枳砧冰糖橙的树冠比较矮小开张,枝梢披垂,干性不强,多采用自然圆头形的整形修剪方法。湖南的做法是定干 30～35 厘米,留 3～5 个分枝,种后按自然圆头形的要求选留副主枝和侧枝。由于其矮,顶端生势不强,结果母枝较短,树冠内部结果良好,幼年结果树以轻剪为主,成年树修剪重点放在侧枝上,以回缩修剪为主。

(三)夏橙的修剪要点 夏橙树冠高大,多是圆头形,树势强健,枝梢壮实,稍直立。幼年结果树在水肥充足时常生长偏旺,这时以疏剪为主,短截为辅,剪掉扰乱树形枝序,使之早日成形。成年结果树采取间密抽疏,疏弱留强,疏枝短截结合,回缩过于挡光的上盖枝,使之"外松内满",稳定株产。结果和树势中等的树，以轻疏为主，适当短截弱枝，注意培护利用内膛枝序结果，增加单产。弱树，要找准影响光、水分、养分大的衰弱枝序，对其适度回缩，以便"开窗子，装膛子"，短剪外围弱枝，疏枝短截结合，以短截为主，适当重剪，局部更新枝梢，增强树势，提高株产。修剪主要在夏季进行。

（四）脐血橙的修剪要点　脐血橙树势强健，树姿开张，发枝力强，枝梢密丛生，多而短，幼年结果树一般不用修剪，对旺盛的成年结果树也以轻剪为主，回缩衰退枝。衰老树以疏去纤弱枝或回缩更新为主，同时进行根系更新。

（五）脐橙的修剪要点　华盛顿脐橙系统比罗伯逊脐系统生势强，华脐多是自然圆头形，罗脐树势中等或较弱，矮化开张。初结果树的修剪以轻剪为主，对长势极强的枝要抑制其生长，以削弱顶端优势，要剪除徒长枝，促使侧枝萌发，增加下部、中部和内膛的结果母枝，使产量迅速提高。成年结果树以调节生长与结果的矛盾为主进行修剪。重疏纤弱短春梢和秋梢，短截过长的夏梢，培养 2 次梢，减少无叶花枝，增加有叶花枝和营养枝，减少花量，改善花质，提高坐果率。后期采取"一开、二疏、三回缩"的办法，开天窗，疏掉密生枝、交叉枝、病虫枝、重叠枝，对衰老骨干枝有计划回缩更新，改善光照，确保外围稀疏，内膛饱满，通风透光，立体结果。

第五节　促花、保果与疏果

一、促　花

除了脐橙和夏橙比较容易形成花外，其他品种如采用酸橘或红皮山橘作砧木，种在高温多湿地区常有生长过旺，难于形成花芽的现象，因此，需要采取以下措施促进花芽分化。

第一，选用早结丰产砧木，实践证明，暗柳橙、新会橙、雪橙选用红檬檬、江西红橘作砧木可以早结丰产。

第二，适时放吐秋梢，培养健壮而不徒长的结果母枝。放梢过早易引起冬梢萌发，太迟如遇干旱放梢量少，生长不良，影响明年开花结果。结果少的树，灌溉条件好的树可适当迟放梢，放梢要求粗壮而不徒长。

第三，适当控水，控水时间掌握在花芽分化前进行。

第四，通过断根、环割或环扎等措施抑制其营养生长，促进其开花。断根在花芽分化前进行，在树冠滴水下深锄 15～20 厘米，或通过扩穴，断去部分根达到促花目的。环割也是在花芽分化前进行，一般在 9 月或 12 月上旬为宜。对一些直立性强枝可在 11～12 月环割或环扎进行促花。

第五，利用激素促花，用 0.1～0.2％的比久或用多效唑 500ppm 在秋梢期喷有促花作用。

第六，10 月中下旬施充分腐熟的堆肥等，使甜橙叶色保浓绿，秋冬喷磷钾也能促进花芽分化。

二、保花保果

花期有落花现象，从幼果到采收存在落果现象，落果比较集中的是二次生理落果。有些品种落果特别严重，如脐橙除二次生理落果外还存在夏季的脐黄落果现象。

(一)落花落果的主要原因

1. **树体营养不足**　甜橙的开花和幼果发育与春梢、夏梢的抽生同时进行，花器和幼果的发育以及枝梢的生长都需要大量的氮磷营养。营养生长占优势，常引起花器发育不全，幼果发育得不到足够的养分而脱落。

2. **花器发育不正常**　小蕾，露柱，雌花退化等花器发育不正常的花蕾以及畸形花，不能正常授粉受精而容易脱落。

3. **生长激素缺乏** 花朵及幼果需较高浓度的生长激素调节内部的生长发育,如夏梢大量抽生,幼果内的赤霉素减少常引起落果。特别是无籽品种,如脐橙更明显,春梢营养枝多会引起落果,夏梢抽吐影响更明显。

4. **恶劣天气** 幼果期遇恶劣天气,如高温或干湿变化大等,干扰树体内的正常生理功能,会造成严重的落果。此外,强风可吹落叶片,折断枝条,并能直接刮落花果。花期阴雨天气影响授粉,幼果期长期阴雨,影响根系生长和对养分的吸收也影响光合作用,导致树体营养不良而加剧落果。

5. **病虫害严重** 花蕾蛆为害花蕾,蜡象、卷叶蛾为害幼果,吸果夜蛾为害成熟果实;溃疡病、红蜘蛛等危害和为害枝叶或果实,可以导致树势衰弱,直接间接引起落花落果。

6. **管理不善** 如春夏施氮肥过多,春梢夏梢抽生过旺,与幼果争夺养分,可导致落果。肥料的浓度过大或不腐熟可造成肥伤,喷药浓度过大引起药伤也会引起落果。

(二)保花保果措施

1. **合理施肥** 春芽肥要根据树的大小,长势灵活掌握。如果树长势旺,树体内氮素多,枝梢会抽生旺盛,因此,这类树春季不宜施过多氮肥,特别对初结果树,可以见花以后再决定施什么肥,施多少肥。成年结果树因花量大,一定要在萌发前15天左右施速效氮肥。幼年结果树夏初要控制施肥,以免使夏梢抽发旺盛引起落果。成年结果树特别是旺产树要施谢花肥,6月份还要施保果肥。此外,开花期和幼果期各喷1~2次 0.3~0.5%尿素加 0.1%硼酸或 0.1~0.15%硼砂,或0.3%尿素加 0.2%磷酸二氢钾,或喷绿旺钾、绿旺氮等均有保果作用。

2. **及时排灌**　春梢萌发如遇干旱要及时灌水,促使萌发正常。夏季要注意排水,如遇高温,天气闷热要喷水保果。6~9月要保持土壤水分均衡,以免引起脐橙、红江橙裂果。

3. **控制春梢和夏梢生长过旺**　初结果树抽发过旺的春梢营养枝和夏梢会引起落果,适当抹除春梢营养枝和控制夏梢对于难保果的品种(脐橙)特别重要。

4. **环扎或环割**　生长旺的青壮年结果树,在谢花后生理落果开始,在主干或主枝上进行环扎或环割,如果过旺树15天后再进行1次,可以提高坐果率。

5. **应用植物生长调节剂**　谢花后喷50 ppm赤霉素,过20天再喷1次,或用核苷酸加绿旺氮、绿旺钾;或用2,4-D生长素5~10 ppm加0.3%尿素加0.2%磷酸二氢钾,均有保果作用。脐橙保果使用的生长调节剂一般认为前期以细胞分裂素和赤霉素为主,防止第一二次生理落果。6月以后喷涂2,4-D可防止脐橙落果和裂果。

6. **防治病虫害**　及时消灭花蕾蛆、蜡象、卷叶蛾、吸果夜蛾、红蜘蛛、锈蜘蛛等害虫以及溃疡病病原菌。

三、疏花疏果

随着商品经济的发展,对果实大小要求比较严格,假如大年树,开花多结果多,树势弱则果实变小,降低商品价值。在栽培上通过适度疏花疏果,缓解新梢生长与果实发育之间的矛盾,维持树体生长结果之间的协调关系,使留下的花芽发育良好,达到果大优质高产的目的。

(一)疏花疏果时期　疏花最好在花蕾期进行,如脐橙通过摘除部分花蕾,除去无叶花序花,有叶单花,可以使树势恢复,有利于留下的果稳果。

疏果最好在生理落果以后进行,生理落果后越早越好。

（二）**疏花疏果的数量**　疏花疏果应根据树势强弱,开花多少来决定,对树势弱,开花结果多的树,可适当多疏,生长结果比例正常的树可以少疏或不疏。根据广东省农科院果树研究所研究表明,红江橙在6月上旬至7月上旬,每平方厘米主干截面留果6～7个,可提高商品果率。暗柳橙的叶果比以60:1较好。据吴金虎等介绍,脐橙叶果比100:1果实膨大良好;叶果比60:1产量最高;叶果比100:1夏秋梢的发生量最多;叶果比80:1翌年花芽率最高,同时有叶单花也少。从新老叶比例看,以25:1产量最高,果实膨大良好,翌年开花结果也很好。又据李顺望等报道,冰糖橙叶果比为50:1时,可连年丰产,但考虑到气候条件、栽培管理、病虫害、机械损伤等的影响,必须留有余地,即疏果时应多留5～10％。

（三）**疏花疏果的方法**　虽有用萘乙酸疏花疏果的报道,但仍未在生产上应用,目前还是采用人工摘蕾、摘果的办法来疏花疏果。

疏花主要摘除畸形花、小型花、无叶花,保留靠近结果母枝先端的大型花和有叶花。

疏果掌握留良去劣,留稀去密的原则,疏去发育不良、病虫害、畸形果,保留果形端正,发育良好,无病虫害的大果。幼年树要疏去骨干枝先端延长枝上的幼果,保留树冠下部和内部的幼果。脐橙要注意疏去易裂的有叶单花果,脐大的扁平果,有叶花序枝的顶果和基部果,可以减少裂果。

第七章　提高甜橙商品质量
的栽培要点

第一节　市场对甜橙商品质量的要求

一、对鲜食品种的要求

第一，果实大小因品种而不同，一般要求果实要大，果实横径：脐橙最好65～85毫米，暗柳橙60～70毫米，锦橙60毫米以上，冰糖橙55毫米以上，雪柑65毫米以上，化州橙65～90毫米，夏橙60毫米以上，血橙60毫米以上。果实的形状要端庄美观，尽量选高桩，避免选用扁形，脐橙的脐最好是闭脐。色泽橙红色、鲜艳。

第二，果皮要薄，外表要光滑而不粗。果肉部分囊壁要薄，砂囊嫩，食之细嫩化渣汁多。果心要小或半空心最好。

第三，以无籽最优，少籽也可以。

第四，甜酸适中。糖酸含量低，风味淡，糖含量高无相应的含酸量则浓甜无酸。若含酸量高而无相应的高含糖量则酸得很难入口。多数中国人喜欢甜，糖酸比最好是15～20∶1，含糖量8.5％以上，或固形物12％以上，含酸量1％以下。外国人喜欢稍酸，他们要求糖酸比10～13∶1。此外，最好有香气，无异味，如血橙有玫瑰香味，凤梨甜橙有凤梨香味，兰花橙有兰花香味等，都很受欢迎。

第五，营养成分要丰富，特别维生素C含量要高。

第六，果实要求新鲜，无病虫害和机械伤的斑点。

第七,果实还要具有较好的贮运性能。分级包装要严格按商品要求进行,分级要认真,包装要美观牢固。

二、对加工品种的要求

目前加工产品有橙汁、橙酱、果胶等。各种制品对果实要求不同,加工橙汁的要求果要大,种子少,出肉率高、出汁率、含酸及维生素 C 要高的为好。据广东试验,加工品种比较好的是化州橙、雪柑、夏橙等。福建认为雪柑最好,四川则认为锦橙、哈姆林甜橙为最好。

第二节 我国甜橙商品质量下降原因

我国的甜橙过去在国际市场有一定的声誉,60 年代广东的新会甜橙,70 年代的罗岗橙(暗柳橙),80 年代的红江橙在港澳新马市场很受欢迎,可是目前大部分甜橙不能进入国际市场,只有小部分红江橙、脐橙外销。在国内由于品种退化,果实变小,品质变差,也出现滞销现象。主要原因有以下几点。

一、缺乏良种繁育推广体系

各地在大发展时,良种苗木繁殖跟不上生产发展的需要,结果乱育苗现象普遍存在,且多数是个体专业户育苗,加上管理不严,接穗不分良莠,砧木也不论对产量质量影响如何。苗木本身就带来了很多问题,结出的果实,质量不一致。

二、品种布局缺乏论证

有的不管是否适应当地的生态条件,也不作市场容量的调查,一窝蜂地大面积种植,由于没有发挥区域的优势,产品也只能是大路货。

三、缺乏科学的管理

有的因种植密度不当,修剪不科学,氮肥施用过多,使果实的果面粗糙,厚皮果增多,风味变淡。有的只求产量,在开花与生理落果时采取了很多保果措施,结果虽有产量,但果实偏小。

四、缺乏商品意识

过去有些国营柑橘场比较注意分级包装,销售正常。但农村栽培技术仍然比较落后,有的地方只求产量不求质量,采下来的果大小不一,不加任何处理就作统货调出或在市场销售,影响了果品的档次。目前全国甜橙产量已不少,其他水果产量也上来了,如果仍然只有产量意识,没有商品意识,在发展时不是以市场为导向,甜橙业就很难得到健康的发展。

第三节 提高甜橙商品质量的技术要点

一、选用良种

(一)**选用适合当地生态环境的优良品种** 为了形成批量商品生产,一个省、一个市要有自己的特色,要把一二个适应本地环境的良种作为当家品种,建立起优质良种的生产基地。目前在市场上比较受欢迎,且价值较高的鲜食品种有脐橙、红江橙、哈姆林甜橙、脐血橙、冰糖橙等;加工品种有夏橙、雪柑、化州橙等。各地可根据当地情况适当安排,如当地有地方良种也可适当发展。

(二)**选用能提高品质的优良砧木** 根据广东省农科院果树研究所和杨村华侨柑橘场的砧木比较试验,用江西红橘作甜橙砧木最好,丰产果大,表皮光滑,品质优。用红皮山橘砧表现迟结,用红檬檬表现前期皮粗果大,寿命短。脐橙、锦橙、冰糖橙等选用枳砧表现好,而新会橙用枳砧则会引起黄化。种植要求用健壮苗木,苗木的繁殖应有严格的苗木繁殖管理制度,不是良种不准繁殖,对优良品种的繁殖最好政府统一组织,同时要制定加速甜橙良种推广的制度和措施。

（三）适地栽培,发挥良种的品质优势　种什么品种,要根据当地的气候条件,土壤条件来确定。如四川选出的良种锦橙,在四川、湖北,特别是四川东部和长江三峡区品质佳,树丰产,而在广东、广西则不适宜。又如湖南的冰糖橙引到广东后,普遍表现果小,大小果明显。改良橙在广东廉江种植品质特别好,而在其他地方种植则差些,如海南等地,积温较高地方种植,着色差,品质变淡。在北回归线以北地方种植,颜色变橙红,但品质变酸。又如四川奉节72-1脐橙,因处在气候宜人,空气相对湿度较低（一般为65～70％）的地区,因此,表现丰产,品质优良。

二、科学种植

（一）搞好水土保持　山地甜橙要搞好水土保持工作,要深翻增施农家肥,逐渐把土壤改良成深软松肥的保水、保土、保肥的土壤。平地果园要配置必要的防护林等,要搞好排灌系统,要逐年培土增厚生根土层。如土壤呈微酸性或中性,果实则甜,如土壤板结,偏酸,果实酸度也增加。

（二）合理施肥　合理施肥能改善果实品质。甜橙生长不同时期需要的营养元素的品种数量有所不同,要有合理的配比,按规范比例施用,不能厚此薄彼,导致甜橙品质变差、变劣。据报道,施用农家肥可提高甜橙的全糖量,且色泽好,味浓。适时适量施磷肥能降低果实柠檬酸含量,提早果实成熟期。适时适量施钾肥,能提高光合作用强度,有利于糖的合成,使果实增大,裂果减少,还增强果实的耐贮性。缺镁的土壤会使果实变小,果味变淡,果实色差且不耐贮藏。缺锌时果实也变小变酸。缺钙会出现果小味酸,汁胞干缩,果形不正。用硫酸镁、硫酸锌喷布可以克服缺锌缺镁现象。增施石灰可以克服缺钙现象。湖南黔阳用本省稀土农用研究所提供的"211系列"配方稀土复合肥,用 300 ppm 溶液,喷大红甜橙和普通甜橙,结果固形物前者比对照(只喷水)提高 1.5％,后者提高 0.5％,维生素 C 也分别比对照提高 3.15 毫克/100 毫升和 1.17毫克/100 毫升。广东省农科院果树研究所用美国出产的绿芬威叶面肥和德国产的沃生叶面肥,在红江橙生理落果期喷 2 次,使红江橙增产 10～25％,提高全糖含量 10～20％。

（三）科学排灌　果实膨大期保证有水供应,否则果小。果实成熟时,土壤湿度大,固形物含量降低,不耐贮藏。因此,要适当控制水分,特别采前半个月要保持土壤干燥,既可提高果实甜度,也可提高耐贮性。

（四）合理修剪、适当疏果、加强病虫害防治　这些措施在保质方面的作用和方法,见本书有关章节。

三、搞好采收、包装

（一）适时采收,保持果实固有的品质　采收过早,果实营养成分转化不完全,常偏酸。如红江橙在广东的廉江 11 月下旬采收,果偏酸,12 月中旬可开始采收,最佳采收期是 1 月中旬,这时果实颜色好,固形物含量也比 12 月上旬高 1～2％。西南农业大学张伯超对四川开县锦橙从 11 月到翌年 3 月进行果实糖酸分析表明,11 月 21 日采收,全糖为 7.73％,含酸为 1.18,糖酸比 6.55：1;12 月 18 日采收,糖酸比上升至 8：1 以上;2 月 18 日采收,含糖量高达 9.5％,总酸量降到 0.84％,糖酸比上升到 11.38：1,此时果色橙红,果汁多而浓稠,芳香,果肉细嫩化渣,为锦橙品质最佳时期。四川南充甜橙,习惯早采,通常 11 月上旬就采收结束,果实糖酸比 6.12：1,酸得难于入口,称"酸广柑",如推迟到 12 月中旬采收,含糖量增加 1.4％，含酸量降低 0.24％，糖酸比增加到 8.88：1，也能达到国际要求标准。这说明，甜橙充分成熟，其固有的品质才能充分表现出来。

（二）加强分级包装，提高商品价值　要严格按商品质量要求分级包装，以提高商品价值。现各省已有分级打蜡生产线，但包装仍改进不多，希望今后能有所加强。

第八章　主要甜橙品种栽培技术要点

第一节　锦橙丰产栽培技术

锦橙在四川东部、湖北西部栽培最适宜，广东、广西因采前易裂果，容易感染溃疡病，虽有引种，但均无发展。

一、选好砧木

砧木以枳为好，种后表现早结、丰产、稳产、抗脚腐病，但在碱性较重的土壤种植易发生黄化缺铁，也易感染裂皮病，使树势早衰。碱性土可选红橘砧，但投产较晚，不抗脚腐病。

二、选好园地，深翻改土，大苗种植

选土层深厚、肥沃的土壤最好。据湖北兴山经验，把坡地开成梯田后挖宽、深各 1 米的沟，每亩分层施入堆渣肥和草皮肥 5 000 千克，磷肥 125 千克作底肥，大苗带土定植。还应改稀植为密植，亩植 121 株，5 年生树可获亩产 2 594 千克的好收成。

三、加强肥水管理

重点抓好花前肥、壮果促梢肥和采后肥。在四川,健壮结果树花前肥在 2 月底至 3 月初施下,占全年用肥量的 25%,壮果促梢肥 7 月上中旬施,占全年施肥用量的 50%。采收前半个月施采前肥(冬肥),占全年施肥量的 25%。弱树除上述 3 次外,开花末期补施 1 次速效肥。成年结果树看当年结果多少确定施肥量。此外,根据保叶保果需要进行适当的根外追肥。

四川东部、湖北西部有时出现春旱或伏旱。为保春梢抽发整齐和果实正常膨大,遇到春旱、伏旱,要及时灌水和采取土壤保湿的其他相应技术措施。

四、保花保果

四川、湖北产区常遇阴雨天气,影响坐果率,尤其对少核锦橙影响最大。一般谢花 2/3 时,喷 8~10 ppm 2,4-D 保果。为了调节营养生长和生殖生长的矛盾,抹芽控梢,防止夏梢抽吐引起落果。为防止采前落果或作挂树贮藏,可在果实转黄时喷 1 次 30~40 ppm 的 2,4-D,能使果实挂至翌年 2~3 月。

第二节　暗柳橙、新会甜橙丰产栽培技术

暗柳橙、新会甜橙适宜在热量条件较好的华南地区栽培。

一、选好砧木

最适宜的砧木是江西红橘、红檬檬,能早结、丰产。用枳为砧,易出现苗期黄化。用酸橘和红皮山橘生长旺,迟结果。

二、选好园地,改良土壤

山地宜选土层深厚,有机质丰富的土壤。平地或水田要选地下水位低,排灌方便的土地。山地橙园要逐年深翻改土,水田要降低水位,培土增加土层,为早结、丰产打好基础。

三、适当密植

适当增加株数,可以提高早期单位面积产量,每亩植 90～110 株为宜。

四、培养丰产、稳产树冠

据华南农学院园艺系对亩产 5 000 千克以上的暗柳橙园的调查认为,丰产、稳产树冠应呈谷堆状的树形,其特点是矮干、多主枝,各级枝条多而短,且分布均匀,结构紧凑,疏密适度,树冠下部大,上部略小,内部枝叶均匀,外部稍疏,叶片多,绿叶层厚,树冠内外均匀挂果,能充分发挥立体结果树的优势,叶果比 50：1。培养的办法是通过幼树整形和结果树的夏剪和冬剪来实现。

五、合理施肥

施肥量受结果量、土壤肥力、肥料性质和气候等多因子影响。广州罗岗大朗 1 队,8 年生暗柳橙,亩产 5 765 千克。1 年施肥量为尿素 74.5 千克,过磷酸钙 27 千克,花生饼 387 千克,粪水 6 750 千克。广东梅县扶大农场 7 年生树亩产 8 257.5 千克,全年用肥量是尿素 50 千克,磷肥 150 千克,花生麸 250 千克,麸水 5 000 千克,复合肥 250 千克,硫酸钾 150 千克,石灰 100 千克。

六、及时防治病虫害

主要病害有黄龙病、溃疡病,主要虫害有红蜘蛛、锈蜘蛛、潜叶蛾。具体防治办法见本书第九章。

第三节　冰糖甜橙丰产栽培技术

冰糖甜橙主要分布在湖南,长江流域各省先后有引种。

一、砧木选择

采用枳作砧，在湖南表现较抗脚腐病及天牛、吉丁虫。耐渍、耐旱、耐寒性较强，幼树成形快，结果早，产量高，品质好。

二、园地选择

冰糖橙要求土质疏松，有机质含量丰富的微酸性土。但过于肥沃土或氮肥过多，在高湿多雨的夏季，极易引起夏梢旺发，从而加剧6月生理落果，导致低产，故在紫色土和红壤丘陵山地栽培的坐果率比平地冲积砂壤要高，果实色泽、风味品质亦好。但丘陵山地栽培上遇秋旱，如无灌水条件或土壤过于瘠薄，则果偏小，且大小不整齐。这种土壤要改土并引水灌溉。

三、合理施肥

幼树以促进营养生长为主，施氮量较多，磷为氮的 $25\sim50\%$，施钾量为氮的 30%。施肥量以株计，春季萌芽肥每株施腐熟人粪尿 1.2 千克或尿素 0.1 千克。壮梢肥施尿素 0.1 千克，绿肥 $10\sim15$ 千克。夏梢肥施尿素 0.1 千克，腐熟猪牛粪 $5\sim10$ 千克。秋梢肥施尿素 $0.1\sim0.2$ 千克，或腐熟人粪尿 $5\sim10$ 千克，绿肥 $10\sim15$ 千克，秋末基肥施腐熟人畜粪 $15\sim20$ 千克，饼肥 $0.5\sim2$ 千克。酸性土适当施石灰。初期结果树主要抓好萌芽肥、壮果促梢肥和采果基肥 3 次，全年每株总施肥量为腐熟人畜粪 40 千克，饼肥 $1.5\sim2$ 千克，尿素 0.5 千克，过磷酸钙 0.5 千克，草木灰 5 千克，酸性土隔年施石灰 $1\sim1.5$ 千克。

四、保花保果

冰糖橙落花落果严重，在一般管理条件下，10 年生枳砧冰糖橙嫁接树的坐果率仅为 1.52%，5 年生幼树只有 0.26%。在长沙 4 月下旬是落蕾落花高峰期，5 月上中旬出现第一次生理落果，6 月上中旬为第二次生理落果，7 月下旬基本稳果。

保果主要措施是培养健壮树势,叶面喷施生长调节剂和无机盐元素。谢花后到第二次生理落果前,喷 50 ppm 赤霉素,保花保果效果最佳。在这期间喷 0.3～0.5％尿素和 0.2～0.3％磷酸二氢钾,补充树体无机营养元素,也能起到保花保果作用。此外,还采取抹除夏梢、环割或环扎等措施进行保果。

五、病虫害防治

主要病害是溃疡病、炭疽病,主要虫害有红蜘蛛和潜叶蛾等。具体防治办法见本书第九章。

第四节 改良橙(红江橙)优质 高产栽培技术

改良橙原产福建,广东湛江廉江红江农场栽培成功后引起各地重视,全省发展较快,已成为广东水果出口的主要产品。其丰产栽培要点如下。

一、选择优良的砧木

据广东省农科院果树所对 6 个不同砧木的研究结果认为,在广东的丘陵和水田种植红江橙,红檬檬砧树冠生长最快,早结、丰产性最强,果实较大,果实品质中等。江西红橘砧树势中等,果实品质最佳,果皮色泽鲜艳。枳作红江橙砧木各品系表现不一,大叶枳株系砧穗不亲和,植株黄化,小叶系枳砧的植株生长慢,树冠矮化,而果实也较小。

二、选地建园

红江橙喜欢积温稍高的地方栽培,最适区是年平均气温 22.8℃,适宜区是年平均气温 22～22.5℃,可栽培区是年平均气温 20.5～21.8℃。在广东以湛江廉江产的红江橙品质最佳,在温度稍低地方栽培,果色橙红好看,但酸度增加。建园和改土技术与暗柳橙相同。

三、施肥技术

据广东省农科院果树研究所试验,中等肥力的果园,3～5龄,株产15千克,每株年施纯氮0.18～0.2千克,纯钾0.2～0.225千克,以叶片分析结果作依据,适当调整施肥量。此外,在生理落果期喷2次绿芬威叶面肥或沃生叶面肥,可提高产量和品质。

四、提高红肉率,提高商品价值

红江橙是嵌合体,易分离成几种类型的果实,其中以橙型红肉果是最好的商品果。在栽培上要从育苗开始抓,选接穗时要选红肉类型的枝条作接穗,种植后在未投产时发现黄肉株要及时换上红肉株(从叶片可辨认),投产后,全株呈黄肉的要及时高接红肉的接穗,一株中仅少量黄肉枝要及时剪除。采果时先把少量的黄肉果采下,然后才采红肉的果,这样商品质量才有保证。

五、病虫害防治

红江橙病虫害与其他甜橙一样,但由于其果皮较薄,很易裂果,可在谢花后至7月放秋梢前喷赤霉素30～50 ppm加2,4-D 15～20 ppm2次,或秋季喷0.5％硝酸钙或沃生叶面肥有一定的防裂作用。

六、适时采收

太早采收品质不佳。在广东鲜果从12月中旬可采,最佳采收期是1月中旬。贮藏果可在12月下旬至1月上旬采收。

第五节　夏橙丰产栽培技术

夏橙在四川、广东、广西和湖北栽培较多,因其成熟期较晚,在栽培上有特殊意义。

一、选好砧木

四川、湖北等地实践证明枳是最好的砧木,它根系发达,抗逆性强,嫁接愈合快。广东等地以江西红橘、红檬檬为主。红檬檬易感染裂皮病。

二、改土建园

因其挂果时间长,对土壤要求较严格。栽培上要选土层深厚、肥沃、排水良好、质地疏松、含有机质丰富、微酸性至中性的砂壤土、壤土建园。丘陵山地一定要有水源,要深翻改土。为了护果,最好连片建园。

三、加强肥水管理

由于夏橙花量多,挂果期长,花果重叠,树体营养消耗多,因此,要取得果大、丰产、稳产,必须加强肥水管理。春季以氮肥为主,夏季根外追施氮磷钾肥及微肥,秋季施农家肥或绿肥配合磷钾肥,冬季施腐熟农家肥有利于果实越冬。成年结果夏橙单株年施肥 4 次,施肥量折合纯氮 1~1.3 千克,磷 0.5~0.6 千克,钾 1~1.2 千克。夏橙需水量比一般甜橙多,冬季遇旱要灌水。

四、抑花促梢,控梢稳果

夏橙花多,应于 11~12 月根据树势,按枝梢类型疏枝、短截、回缩修剪,控制花量促春梢,提高花的质量和坐果率。夏梢萌发会加剧生理落果,应在萌发初期抹除,或喷调节磷、青鲜素 2~3 次以控梢保果。花蕾至第二次生理落果结束前后喷硼、锌,再喷尿素加磷酸二氢钾加 40~50 ppm 赤霉素 2~3 次以保花保果。

五、冬季防落果,开春防回青

夏橙果实当温度下降到 10℃以下,落果会大量增加,在低温侵袭前喷 30~50 ppm 2,4-D 2~3 次,冬季增施一些暖性农家肥,可以减少落果。春天气温回升,特别下雨后,橙黄的果色会回青转绿。地面覆盖薄膜,防止雨天使土壤水分过多,或果实套袋对防止回青有一定作用。返青后用 0.1％乙烯利于采收前喷射树冠,可使返青果转黄,改进外观品质。

第六节 脐橙丰产栽培技术

脐橙在我国四川、湖北、湖南、江西、广东、广西均有栽培。

一、砧木选择

四川等地认为,在酸性土中,枳砧对华盛顿脐橙具有早结、丰产特性,但在碱性土中易黄化、易感染裂皮病;采用红橘砧,防止裂皮病效果良好,在高接换种时温州蜜柑作中间砧最好。

二、适地栽培

脐橙要求年平均温度 18～19℃,大于或等于 10℃的年积温 6 000～6 500℃,1 月份平均温度 7℃左右,极端低温－3℃左右,年降水量 1 000 毫米。喜较低的相对湿度,一般以 65～70％为宜。年日照 1 600 小时,昼夜温差大,有利于提高产量和品质。各地应按其对外界环境条件的要求选地种植,这样可以事半功倍。

三、合理施肥

脐橙幼龄树的施肥与其他橙类无多大差别。成年结果树则有些不同,如华盛顿脐橙,春梢发生量大,绝大部分是花枝,花量多,果实大,属需高肥品种。因此施春肥要早,一般在萌芽前 2～3 周施。肥料以氮为主。谢花后,因花多消耗养分多,要施氮肥稳果。对弱树还要进行根外追肥。秋梢肥与一般甜橙一样要重施,培养秋梢结果母枝。9 月施磷钾肥以利花芽分化。11 月采收前施越冬肥,以农家肥为主。比较壮旺的树易长夏梢,会引起落果,要控制水肥供应。罗伯逊脐橙春梢纤弱簇生,夏梢不易抽发,要求重施冬肥和春肥,巧施夏肥,要早施放秋梢肥。

四、适时灌水

脐橙在开花期和幼果期,对高温干旱很敏感,5 月的高温常导致幼果大量脱落,因此这时要注意灌水。

五、保花保果

脐橙花多、坐果率低,尤其是华盛顿脐橙俗有"花开满树多盈盈,遍地落果一场空"之说。广东从 30 年代开始就引种脐橙几十个品系,但多是华盛顿脐橙系统,由于花而不实,最后仍未发展起来。近年从中国农科院柑橘研究所和华中农业大学引进一些良种,表现不错,但也要认真做好保花保果,才能夺取丰收。

保果一般在第一次生理落果前(谢花后 7 天),用细胞激动素 200～400 ppm 加赤霉素 100 ppm 涂果效果最好,或用 50～100 ppm 的赤霉素整株喷布,效果也较好。为防止 5 月异常高温引起落果,可在 4 月底或 5 月初用杂草覆盖树盘,外加喷水,可以减少落果。

六、病虫害防治

病虫害与其他甜橙品种一样,要以防为主。在高温高湿地区比较容易感染溃疡病,要特别注意防治。枳砧的脐橙要注意裂皮病的防治。脐橙裂果严重,在栽培上要避免或减轻土壤水分急剧变化,增施氮钾肥以增厚果皮。7 月中旬至 8 月上旬连喷两次 3～5%的生石灰液或对树冠外围果实涂石灰,增加树体钙素,增强纤维素之间凝集力和果皮韧性。结合防脐黄病,树冠喷 10～20 ppm2,4-D 加 0.3%尿素和 0.2%的磷酸二氢钾或赤霉素,以加速果皮生长,调节果皮与果肉生长的平衡关系,从而达到防裂果的目的。

第七节 血橙丰产栽培技术

血橙在四川、湖南、湖北、广东等地有栽培,广东脐血橙栽培面积较大。

一、砧木选择

脐血橙以江西红橘较好,枳砧、红檬檬砧早结丰产,但易患裂皮病。

二、选地建园

血橙宜选冬季温暖,无严重霜冻,土层深厚、肥沃,有水源的地方建园。

三、肥水管理

因其晚熟,过冬肥要注意施用,冬季遇干旱或低温会引起果实落果,要注意及时灌水。广东因无食用果肉带血红色的习惯,常提早在果肉不显血色时采收。管理方法与一般暗柳橙相同。

四、防止落果

前期保果与一般甜橙相同。为防止采前低温引起的落果,11 月上中旬可喷 20～40 ppm 的 2,4-D 加 0.5％尿素 2～3次,每隔 2～3 周 1 次。青壮年树要控夏梢保果。

五、病虫害防治

脐血橙的病虫害与一般甜橙相似,枳砧脐血橙的裂皮病严重,应特别注意防治。

第九章　甜橙主要病虫害防治

第一节　甜橙主要病害及其防治

一、黄龙病

（一）症状、病原及发生规律　黄龙病又称黄梢病，在华南地区广为分布。是一种严重危害柑橘，具有毁灭性的传染性病害。

初期症状，根据病梢叶片黄化程度不同分为均匀黄化型和斑驳黄化型两种。

均匀黄化型黄梢，以幼树秋梢出现较多，在生长正常的树冠上出现1条或几条新梢叶片不转绿或中途停止转绿，使梢呈黄白或淡黄绿色，在1株中呈"插金花"现象。病叶质地硬化、无光泽，叶脉黄化或微肿，有直立趋势，后期有斑驳现象，容易脱落。

斑驳黄化型黄梢，春梢发病时是新梢叶片转绿后，部分枝条的叶片从中脉或叶片基部开始黄化，因黄化扩散不均匀，且受叶脉所限而呈不对称的、不均匀的黄绿相间斑驳。夏秋梢则叶片开始转绿即出现不对称不均匀的斑驳黄化，病梢的叶片变硬，叶脉微肿或明显肿大，叶面光泽度逐渐减退至丧失。

中后期症状，在初期病梢上长出的新梢短小、纤弱，叶窄、硬直，呈黄白均匀黄化或叶脉附近绿色，其余黄色，出现缺锌状的花叶，病梢下面的老梢相继出现斑驳和叶脉肿大、爆裂、木栓化，叶质硬化，微向下卷曲，如缺硼症状。下年度开花提早,且多开乒乓花,坐果率不高,保留下来的果体小、畸形、品质差,须根腐烂。

黄龙病的病原是类细菌,通过接穗、苗木和昆虫媒介(柑橘木虱)传播。凡苗木带病,原来果园已发病,柑橘木虱发生严重,土肥水管理差时可以严重发病。

(二)防治方法

第一,新区要严格执行检疫法规,禁止从黄龙病区调运、采购苗木、接穗,以防病原传入;老区应选择与发病果园有一定距离的地点育苗和开园种植。

第二,培育无病苗木,选隔离条件好的地方建苗圃,用无病母树的枝条作繁殖材料,培育无病苗木。育苗时,砧木种子在播种前用55℃热水消毒50分钟,晾干后再播种。接穗在嫁接前用1 000单位/毫升盐酸四环素液浸2小时,然后用清水冲洗干净才嫁接。

第三,及时防治传病昆虫——柑橘木虱。它为害嫩芽,在抹芽控梢、统一放梢基础上,放梢前后及冬季应及时喷药防治。

第四,及时挖除病树,发现病株及时挖除烧毁,防止扩散传播。重病园应全面挖除后重新建园。

第五,加强果园的土、肥、水管理,增强树势,提高抗病能力。

二、溃疡病

(一)症状、病原及发生规律 溃疡病是华南地区普遍发生的病害,为害枝梢、叶片、果实,影响树势和果实品质。严重时引起落叶、落果和枝梢干枯。

叶片被侵染初期,叶背出现黄色或暗黄色小油渍状斑点,继而在叶的正反两面均逐渐隆起并扩大形成圆形、米黄色的病斑,以后病部表面破裂,明显出现海绵状隆起,表面粗糙呈木栓化,灰白色或灰褐色,近圆形,周围有黄色晕环,中央破裂如火山口。

枝梢受害初期,也是油渍状小斑,扩大后多为圆形、椭圆形或聚合成不规则形,浅黄褐色,比叶片上的病斑更为隆起,无黄色晕环,当病斑环绕全枝时,枝梢干枯。

果实受害,病斑与叶斑基本相似,但火山口外貌更显著,严重时引起落果。

溃疡病的病原是黄单孢杆菌属的一种细菌,病菌通过气孔和伤口侵入,潜伏期 3～10 天,由风雨、昆虫和树枝或人为的接触而传播,远距离传播主要靠受害的苗木和果实。

每年 3 月下旬至 12 月初均可发病,以 5～9 月为发病盛期。在各次枝梢中,春梢轻,夏梢重,秋梢次之。高温多湿易致本病发生。

(二)防治方法

第一,引进苗木要检疫,培育、选用无病苗木栽植。

第二,消灭病原,冬季修剪时,彻底剪除有病枝叶,就地集中烧毁,消灭越冬病原。

第三,合理控制枝梢。通过适当施速效春肥,使春梢抽吐健壮;控制夏肥,减少夏梢抽吐;幼龄树通过抹芽控梢,使夏秋梢抽吐整齐,以利喷药保梢;青壮年结果树,通过控制夏梢,减少病害发生。

第四,喷药保护新梢必须以防为主,重点掌握在新梢长 2～3 厘米时喷第一次药,到自剪再喷 1 次。保护幼果应在盛花后 10 天开始喷药,隔 10～15 天再喷 1 次。选用铜皂液或 0.5％波尔多液、氧氯化铜 600～700 倍液;50％代森铵 600～800 倍液或 600～1 000 ppm 的链霉素(加 1％酒精)。

第五，种植防风林，减轻台风对甜橙树的危害，减少溃疡病发生。

三、疮痂病

（一）**症状、病原及发生规律**　疮痂病在温度较低的柑橘产区发病严重，危害嫩叶、嫩枝、花萼、花瓣和幼果等。严重时，引起落叶和落果，被害果品质变劣。

嫩叶受害，开始出现水渍状小斑点，后变成蜡黄色，以后病斑逐渐扩大并木栓化，有明显的突起，组织不破裂，仅在叶的一面突起，另一面凹陷，严重时引起叶变形。果实受害后，常出现许多散生或群生的瘤状突起。

病菌以菌丝体在病梢等被害部越冬，春季天气潮湿，气温上升到 15℃ 以上时产生分生孢子，借风雨和昆虫传播。病菌发育最适温度 10～23℃，春梢、晚秋梢抽梢期，如遇连绵阴雨，或早晨露重，此病即流行。夏梢期气温较高，发病较轻。

（二）**防治方法**　建园时，选用无病苗木；在抓好清园工作的基础上，掌握在春芽长至 2 毫米左右和开花后期，各喷 1 次 50%退菌特 500 倍或 50%托布津 500～600 倍液，或氧氯化铜 600～700 倍液，或 0.5%波尔多液，收效较好。

四、炭疽病

（一）**症状、病原及发生规律**　炭疽病也是甜橙产区普遍发生的病害，主要为害果实、果柄、叶片和枝条。

1.**叶片症状**　分急性型和慢性型两种：急性型多从叶尖开始，初呈淡青色至暗褐色水渍状病斑，病斑迅速扩大，在天气潮湿或将病叶泡湿时，病部长出朱红色粘性小点，病叶很快脱落。慢性型多从叶缘或叶尖开始，病斑呈半圆形或不规则形，中间灰褐色，边缘褐色或深褐色，病健交界明显，天气潮湿多雨时,病部也长有朱红色粘性小点。天气干燥时,病斑呈灰白色,上生黑色小点,小黑点散生或呈轮纹状排列。

2. **枝梢症状** 枝梢发病时,出现淡褐色水渍状病斑,当病斑环绕枝梢一周时便引起叶落和梢枯。枯梢呈灰白或灰褐色,病健部交界明显,病枝上有时生有黑色小点。

3. **花果症状** 花期受害柱头褐色腐烂和落花。幼果受害呈暗绿色油渍状、脱落,或干缩成僵果,挂在树上经久不落。成长期的果实受害出现泪痕状或圆形干疤状病斑,可导致落果。果实充分膨大期果柄受害,则发生蒂腐引起大量落果。

贮藏期果腐,多从果蒂部位发病,初呈淡褐色水渍状,后呈黄褐色,稍凹陷,革质,病健交界明显。初期病变仅限于皮层,果肉未受害,但湿度大时,很快引起全果腐烂。

炭疽病的病菌喜欢高温多湿环境,生长最适温度21～28℃,在高温多湿的气候条件下,假如偏施氮肥,或受水、旱、寒害等容易感染此病。

(二)防治方法

第一,加强栽培管理,防止偏施氮肥,要增施钾肥和农家肥,保持氮磷钾肥的合理比例。及时排除田间积水,受旱及时灌水。增强树势,提高抗病能力。

第二,做好冬季清园工作,修剪病枝、病叶、病果,然后集中烧毁,减少病源。剪口至少距离病部5厘米以上。

第三,清园后结合冬防喷0.6～0.8波美度石硫合剂,以消灭树上的病原菌。

第四,对于常发病的果园在春、夏、秋梢嫩叶期,各喷药1次保梢,特别要着重幼果期(3～4月)和果实膨大期每隔15～20天喷药1次以保护果实。有效的农药有:50%甲基托布津可湿性粉剂或50%退菌特可湿性粉剂500～600倍液;50%

多菌灵可湿性粉剂 1 000 倍液;0.5～1%波尔多液。在发病前喷药预防。

五、裙腐病

(一)症状、病原及发生规律 主要危害根颈部和根群,导致树势衰退以至死亡。一般先在根颈皮层开始发病,病斑不规则,病组织初期呈褐色腐烂,水渍状,有恶臭。在适宜条件下病斑扩展迅速,可引起根颈、主根、侧根和须根腐烂。在干燥条件下,病斑开裂变硬,叶片相应变黄、脱落,大量开花结果,果小、早熟、味酸。

大部分情况下为各种疫霉菌引起,有时在一些地方,镰刀菌也可能引起裙腐病。

病原菌存在于土壤中,随灌溉水、地下水传播。在高温多雨,土壤排水不良,栽植过深和树皮受伤情况下容易发生。

(二)防治方法

第一,选用抗病砧木,如枳砧等。

第二,加强栽培管理。定植不能过深,覆土不超过根颈,中耕不要伤及树皮,雨后及时排除积水,不施未腐熟的肥料。

第三,在根颈处发现本病,要清除附近土壤,及时用刀刮除病部,用 1∶50 的 50%托布津或多菌灵,或用 60%新鲜牛屎加 40%石硫合剂渣,混少量头发涂在病部。

第四,视病害轻重,在病株根颈部靠接 1～3 株抗病砧木,更换根系,输送养分,逐年恢复树势。

六、立枯病

(一)症状、病原及发生规律 病菌侵害幼茎和根颈,初期出现暗褐色水渍状斑点,扩大后环绕幼茎导致皮层腐烂,病部干缩。上部叶片迅速萎垂,接着呈青枯状凋萎,脱落后留下一条直立干枯小茎经久不倒。拔起病苗可见根部皮层腐烂脱落,仅留木质部。此病在苗圃中常见成片发生,造成幼苗一丛丛、一片片地枯死。

由真菌引起,种子萌发到苗木茎组织木栓化之前,遇高温多湿,地下水位高,苗畦积水,大雨后骤晴或连作发病严重。

（二）防治方法　一是选排灌方便,通透性较好的砂壤土作苗圃,避免连作。二是在播前喷100～150倍二硝散或50%代森铵500倍液有一定预防效果。覆盖的河沙要清洁,也可用火烧土覆盖。三是加强苗圃土壤管理,幼苗出土后立即撒黑白灰(草木灰与石灰的比例2∶1),雨后及时排除积水。四是及时拔除病株并集中烧毁,发病部位撒施石灰,并全面喷1～2次70%百菌清600倍液或0.5%波尔多液以控制蔓延。

七、线虫病

（一）症状、病原及发生规律　被害植株小根的表面有明显的瘤状物。发病初期地上无明显症状,严重时可使叶片黄化、脱落,甚至小枝枯死,结果量减少。

在温度20～30℃条件下,幼虫的活动最盛。土壤过湿对其繁殖有利,靠苗木及带有线虫的土壤传播。

（二）防治方法

第一,严格执行检疫制度,防止病害扩散,发现病株立即烧毁。

第二,培育无病苗木。

第三,病苗用40～47℃温水浸根10分钟,杀死线虫。

第四,发病果园,拨开受害株根附近的表土,每株用克线丹颗粒剂15～20克撒施,然后覆土并灌水消灭根线虫。

第五,冬季可将病根挖除,增施农家肥,并结合药剂治疗对恢复树势有一定作用。

八、青霉病和绿霉病

（一）症状、病原及发生规律　这两种病主要危害贮藏期的果实，但也能在田间危害成熟的果实，如夏橙收果前阴雨连绵，接近地面的果可见到此病。

病害多从伤口或蒂部开始发生，病部初呈水渍状，病斑圆形，病部果皮软腐，用手指轻压即破裂。病部长出白色霉层，随后在白色霉层中间产生一层青色或绿色粉状物。后来二者差异主要表现是绿霉在病果的表面，而青霉可延至病果内部。腐烂部位的边缘前者不规则，而后者规则而呈明显水渍状。

青霉病菌与绿霉病菌常见为无性世代，同属半知菌的青霉菌属，它们在6～33℃的温度内均可发生。青霉病的发病适温比绿霉病略低，前者在20℃左右，后者则在28℃左右。两菌分生孢子分布广，借气流或接触传播，由伤口侵入。也可通过病果接触传染，其中青霉病在18～26℃时发病最多，绿霉病在25～27℃发展迅速。

（二）防治方法　一是适时细致采收，避免产生伤口。二是对贮藏环境要严格消毒，一般贮果前半个月用福尔马林熏蒸或用4％漂白粉的澄清液喷洒库壁地面，也可用硫黄粉，每立方米贮藏室用10克熏蒸。三是使用防腐剂处理果实，采果后3天内用50％甲基托布津500倍液，或25％多菌灵1 000倍液，混合200～250 ppm的2,4-D溶液浸果。

九、裂果病

（一）症状及发生情况　本病是一种常见的生理病害，改良橙（红江橙）、脐橙、夏橙裂果特别严重，一般有10～20％，给生产上造成严重的损失。

本病多发生在9～12月。向阳坡地、土质瘦瘠的果园发生较多；树势衰弱，结果过多裂果也稍多；土壤水分含量变化大，特别久旱骤雨裂果严重;秋旱后1次灌透水,使土壤含水量较高,裂果也增加。在栽培品种中一般果皮较薄的容易裂果。

(二)防治方法

第一,加强栽培管理,秋旱期间用草、作物茎秆等覆盖,保持土壤适当湿润,避免骤干骤湿是减少裂果的有效办法。

第二,红江橙谢花后至7月放秋梢前喷赤霉素30～50 ppm 加 2,4-D 15～20 ppm 两次,秋季喷 0.5%硝酸钙和沃生叶面肥,可增强果皮的抗力,减少裂果。

第三,增施钾肥和钙肥可以减少裂果。

十、日灼病

(一)症状及发生情况　本病是果实受高温烈日曝晒引起的生理性病害。受害的果皮被灼伤坏死,降低果实品质,影响果品的商品价值。

受害部的果皮呈灰青色,后为黄褐色,果皮生长停滞,粗糙变厚,有时发生裂纹,病部扁平,致使果形不正。受害轻微的灼伤部限于果皮,受害较重的造成瓤囊汁胞干缩,果汁极少,味极淡。

夏秋季发病较多,西向坡地的果园和着生在树西南部分的果实,受日照时间长,容易受害。土壤水肥不足可加剧本病发生,在高温烈日情况下,喷石硫合剂也可使本病加剧。

(二)防治方法

第一,选地避免用西向或西南向坡地,建园时西南向注意营造防护林带。

第二,夏秋季防治锈蜘蛛,如遇高温烈日,不要用石硫合剂,假如要用,则用 0.1～0.2 波美度,于上午 11 时前、下午 3 时以后喷药,可以减少本病发生。

第三,7～9 月要注意灌水或进行人工降雨,以调节果园土壤水分和小气候。

第四,发现有果实受害,及时用小纸块遮盖受害部分,或用石灰水涂盖受害部分,可逐渐恢复正常。

第二节　甜橙主要虫害及其防治

一、红蜘蛛

（一）为害情况　红蜘蛛（又名红叶螨、橘全爪螨）以成螨、若螨和幼螨群集在叶片、嫩枝和果皮上吸取汁液,为害叶片最严重。被害叶片正面呈现许多粉绿色,后变灰白色小斑点,失去固有的光泽。被害叶叶龄缩短,冬季低温干旱、北风猛烈时大量提早落叶,致使树势衰退。幼果常因受害严重而出现落果,成熟果受害易腐烂,不耐贮藏。

红蜘蛛一年发生 15～20 代,以成虫或卵在秋梢上越冬。越冬雌成螨冬季在 5℃以上便可陆续产卵。春季旬平均温度达 12℃左右,春梢萌发时越冬卵开始大量孵化,气温上升至 16～19℃时,虫口成倍增长,20～25℃是红蜘蛛发生的最适温度,此时虫口盛长。若旬均温度达 25℃以上虫口很快下降。春天开始发生时虫口都先从老叶上开始增长。发生初期叶背虫数多于叶面,发生盛期叶面多于叶背。当春梢叶片伸长后,就向春梢迁移为害,以后随枝梢抽发顺序而向新梢转移。在广东甜橙全年红蜘蛛的为害有两个高峰:一是春梢转绿后,4 月开花前后;另一个是秋梢转绿后,遇上干旱更为猖獗。夏季的高温和暴雨都对红蜘蛛生长发育不利,发生稍轻。

（二）防治方法

第一,做好冬季清园工作,喷 1～2 次 12～15 倍松脂合剂（树势衰弱不喷）。

第二,利用天敌治螨。果园间种绿肥如耳草,或利用野生绿肥如藿香蓟(白花臭草)进行生物覆盖,或创造红蜘蛛天敌捕食螨生长和繁殖的环境条件。

第三,2月中下旬在越冬卵盛孵期,螨未上新梢叶片为害时,喷第一次药消灭幼螨。

第四,春、秋梢转绿时要经常检查虫情,发现每株有虫叶超过20%,平均每叶有红蜘蛛2头以上就要挑治,全园有50%以上的树每叶有红蜘蛛5头时应全面喷药防治,把它消灭在大量发生之前。

红蜘蛛对农药极易产生抗药性,要常轮换使用下列有效农药:①松脂合剂,使用浓度视季节不同而异,冬季12～15倍,夏季20～25倍;②50%托尔克(克螨锡)2 000～2 500倍液(温度低的早春使用效果差);③5%尼索朗乳剂3 000倍液加硫黄胶悬剂400倍液,或加20%三氯杀螨醇800倍液;④20%速螨酮4 000倍液,或15%达螨酮乳剂3 000～4 000倍液。

二、锈蜘蛛

(一)为害情况 锈蜘蛛(又名锈壁虱或锈螨)成螨、若螨、幼螨多在叶背或果皮上吸汁液,果皮油胞受刺激后流出油脂,与空气接触后氧化变成黑褐色,俗称黑皮果,影响果实品质与价格。叶片受害,由于锈蜘蛛群集在叶背中脉两侧为害,使叶背变为黄褐色或锈褐色,轻则引起卷缩(俗称焙叶),重则大量落叶,影响树势和来年产量。

锈蜘蛛一年可发生24代,如越冬虫口基数大,又逢春旱时,春芽会受害扭曲,但多数地区是4月中下旬至5月上旬转移到幼果上为害,才大量繁殖。如果7～9月久旱未雨,天气燥热,锈蜘蛛常会大量发生,9月达到高峰。以后一直到采果前,甚至贮运期间,仍有可能为害。12月后温度下降,为害较轻。

（二）防治方法

第一,加强栽培管理,防止树冠过度荫蔽,注意防旱防涝。每年采果后,及时做好冬季清园工作,结合防治红蜘蛛进行喷药,杀死越冬成虫。

第二,每年2月底或4月初用10倍放大镜检查,平均每叶有3~5只锈蜘蛛时开始喷药,减少转移到果上为害的虫口数量。6月底至7月初如发现个别果起"灰尘"或黑皮,要抓紧喷药防治。

第三,选用下列农药进行防治:①石硫合剂,冬季为0.6~0.8波美度,春秋季为0.3~0.4波美度,夏季为0.1~0.2波美度;②胶体硫300~400倍液或胶体硫柴油乳膏0.25~0.5%,或硫黄胶悬剂夏季用400~500倍液,冬季用300倍液,或单甲脒1 000~3 000倍液;③73%克螨特乳油3 000倍液。

三、介壳虫类

（一）为害情况　介壳虫是一种小型昆虫,也称蚧。种类很多,在甜橙产区发生比较普遍。有吹绵蚧、堆蜡粉蚧以及完全被盾壳覆盖虫体的糠片蚧、红圆蚧、褐圆蚧、紫蚧、长蚧、大蚧等。此外,矢尖蚧、软蜡蚧和绵蜡蚧也比较常见,但发生数量不多,威胁生产不大,根粉蚧目前局部发生于个别橙园,应注意防止扩散。

介壳虫喜欢生活在阴湿和空气不流通或阳光不能直射处,故寄生在叶片的多附着于叶片背面。枝叶密生,互相荫蔽的果园发生严重。寄生在果实的,则多在近蒂部果叶相接处或果面凹陷处。低温、高湿对雌成虫或若虫的生长发育不利。果园管理不善,肥料不足或其他条件不适,造成树势衰弱也会加重介壳虫的发生。

（二）防治方法

第一，做好植物检疫工作，防止苗木等繁殖材料传播本地未发生的介壳虫种类。

第二，经常检查，如发现天敌较多时不要随便喷药，更不要滥用农药，注意保护原有天敌。

第三，冬季剪除虫害枯枝，并喷药防治，使虫口基数降低。过密的果园要用回缩修剪或间伐处理，使它不过于荫蔽。

第四，以冬治为主，其次于发生初期喷杀为好。少量发生采取挑治办法，如为害严重，检查又无天敌的，则要连续喷药2～3次。常用的农药有：①松脂合剂，夏秋季15～20倍液，冬季10倍液；②40%速扑杀乳油700倍液；③60%机械油乳油120倍液，含油量0.5%。

四、柑橘木虱

（一）为害情况　　柑橘木虱为害嫩梢，叶片被害畸形卷曲，若虫排出白色粘质物与蜜露，引起煤烟病，影响光合作用。柑橘木虱是传播柑橘黄龙病的媒介，对于它的发生与防治应引起人们的密切注意。

柑橘木虱一年可发生5～6代，世代重叠，以成虫密集在叶背越冬。在田间柑橘树发芽时木虱成虫就出现高峰期，2～3月成虫开始在新枝嫩芽上产卵繁殖，此后虫口密度逐渐增大，5～6月夏梢期出现第二高峰期，7～8月秋梢期木虱发生最多，为全年最高峰。9～10月以后虫口密度逐渐下降，这些木虱成虫是越冬成虫的来源。

（二）防治方法

第一，加强果园肥水管理，使树势壮健，抽梢整齐。

第二，消除果园周围的寄主植物，如九里香等。

第三,利用冬季气温低、成虫活动能力弱的时机,喷1～2次药,把它消灭在翌年春季产卵之前。掌握每次萌芽后至芽长5厘米时喷药,喷药时采用分片统一围歼的办法,效果较好。选用40%氧化乐果1 000倍液、80%敌敌畏乳剂1 000～1 500倍液,25%水胺硫磷或鱼藤精各800倍液喷杀。

五、蚜虫类

(一)为害情况 柑橘蚜虫主要有橘蚜、橘二叉蚜、绣线菊蚜。橘蚜无翅胎生雌蚜体长1.3毫米左右,虫体漆黑色。有翅胎生雌蚜与无翅胎生雌蚜形相似,翅白色透明。无翅雄蚜与雌蚜相似,虫体深褐色。卵黑色有光泽,椭圆形,长0.6毫米左右。若虫体褐色,有翅蚜若虫的翅芽在第三四龄时已明显可见。橘二叉蚜成虫无翅胎生雌蚜长约2毫米,体暗棕色至黑绿色,有翅胎生雌蚜体长1.7毫米,体黑褐色,前翅中脉分二叉。绣线菊蚜体长约1.8毫米,无翅胎生雌蚜苹果绿色,有翅胎生雌蚜胸部暗褐色至黑色,腹部绿色。他们的若虫和成虫群集在新梢嫩茎和嫩叶上,被害树叶皱缩卷曲,还诱发煤烟病,影响树势。

蚜虫一年可发生20多代,以卵在枝条上越冬,翌年3月开始孵化为无翅胎生若蚜,1个无翅胎生雌蚜,一生最多可胎生若蚜68头,繁殖的最适温度为24～27℃,夏季高温对其不利,晚春和晚秋繁殖最盛。

(二)防治方法 当发现新梢有蚜虫为害时,可选用下列农药喷杀:40%氧化乐果800～1 000倍液;20%好年冬乳油4 000倍液;24%万灵粉3 000倍液。

六、潜叶蛾

(一)为害情况 潜叶蛾(又名绘图虫、潜叶虫)的幼虫潜食嫩叶、嫩枝。多数在叶片背面表皮下取食,形成弯曲隧道,俗称"鬼画符"。老熟幼虫在隧道末端吐丝卷折幼叶叶缘部分,并在里面化蛹,使叶片严重卷曲,影响叶片的光合作用,幼虫潜入造成伤口还诱发溃疡病的发生。

潜叶蛾一年发生 15 代,成虫多在清晨羽化交尾,飞行敏捷,有趋光性,晚间产卵,产卵有一定的选择性,卵多产在0.25～3 厘米长的嫩叶上,超过以上长度的叶片,极少产卵。潜叶蛾一年有 3～4 个高峰期,各地出现时期略有不同。

（二）防治方法

第一,抹芽控梢,掌握潜叶蛾发生低峰期,统一放梢。

第二,加强肥水管理,放梢前 10～15 天施 1 次速效肥,促进新梢萌发齐一健壮,如遇干旱要加强灌水。放梢后可薄施 1～2 次速效肥,结合用 0.3～0.5％尿素进行根外追肥,加速新梢生长,可减轻潜叶蛾为害。

第三,喷药保护新梢。当芽长 5 毫米左右时喷药保梢。可选用如下有效农药:25％杀虫双乳油 700～800 倍液加 40％水胺硫磷 1 000 倍液;98％巴丹原粉 1 000～1 500 倍液加40％水胺硫磷 1 000 倍液;24％万灵粉 3 000 倍液;2.5％敌杀死乳剂 2 000～4 000 倍液。

七、卷叶蛾类

（一）为害情况　卷叶蛾的种类很多,以拟小黄卷叶蛾为主,它以幼虫为害新梢和幼果,盛发于开花期和幼果期,常引起大量落花落果。成虫产卵于老叶上,卵块鳞片状。幼虫孵化后吐丝下垂借风飘荡,转移到新梢和幼果。为害新梢时卷叶成巢,日间潜伏其中取食,黄昏后出巢活动。盛花期在花枝上吐丝结苞食花,谢花后移到幼果为害,造成落果。

（二）防治方法

第一,抓好冬季清园,清除杂草和树上越冬幼虫及落叶落果,消灭虫源。

第二,抓住两个发生高峰期早治、巧治、根治。一是谢花后至分果期,幼虫多数在幼果的萼片内;一是秋梢萌发期,因高温多雨,寄主多,取食易,繁殖力强,幼虫常在秋芽一开始就暴发,要掌握在幼虫盛孵期及时喷药。

第三,盛花后期每3～4天摇花1次,减少幼虫潜伏。

第四,选用下列农药喷杀:90%敌百虫1 000倍液,50%杀螟松、80%敌敌畏1 000倍液,或40%水胺硫磷乳剂1 000倍液。

八、凤蝶类

(一)为害情况 凤蝶又叫蝴蝶,主要有柑橘凤蝶、玉带蝶等。成虫产卵于嫩叶的叶尖边缘,幼虫孵化后咬食嫩叶和嫩芽,严重时,食光新梢叶片,对苗木、幼树影响很大,一年发生3～4代,3月开始出现,5月以后发生较多,以夏秋新梢抽吐时发生严重。

(二)防治方法 人工捕杀虫卵、幼虫、蛹及成虫;新梢期间喷90%敌百虫500～1 000倍液,50%毒杀芬乳油100～150倍液,100亿/克青虫菌1 000～2 000倍液。

九、尺 蠖

(一)为害情况 在广东的杨村柑橘场曾严重发生,它是油桐尺蠖的1个亚种,属海南油桐尺蠖。一年可发生3～4代,每年3月下旬、4月初至9月中下旬为害柑橘,其中危害严重的是6月中旬至9月初先后发生的第二代及第三代幼虫。3龄前幼虫喜在树冠外围顶部叶尖站立,这时又是抗药力较低的时期,因此,是喷药的好机会。

（二）防治方法

第一，少量发生时，可进行人工捕杀成虫和幼虫。

第二，利用其成虫有较强的趋光性，在成虫羽化期，每30亩左右橙园安装1支40瓦黑光灯诱杀。

第三，挖蛹。第一次11月至翌年2月，第二次5月中下旬。这两次是关键时刻，特别第一次如除得干净，可以大大减少虫源。第三次在7月中旬，第四次在8月下旬至9月初。在树干周围70厘米挖土深约10厘米，慢慢挑出蛹，集中烧毁，也可在每次化蛹前，先在树周围铺上塑料薄膜，然后铺上5～10厘米湿润松土，待老熟幼虫入土化蛹后，取出消灭之。

第四，利用其产卵特性，在产卵期间，检查树干裂缝或叶背，发现有卵块摘除消灭之。

第五，用有效农药如90％敌百虫800倍液、10％灭百可乳油3 000～4 000倍液、50％辛硫磷500～1 000倍液或用青虫菌（300亿/克）1 000～1 500倍液喷杀。

十、角肩蝽象

（一）为害情况　角肩蝽象又叫臭屁虫。为害果实引起大量落果，如果刺吸果汁时间短，虽不会引起落果，但果实成熟后，被害部分组织硬化。一年1个世代，以成虫越冬。4月以后越冬成虫恢复活动，中午前后活动力强，成虫多于下午3～4时交尾，此时最容易捕杀。5月开始产卵，6～7月产卵最多，因此7～8月为盛发期，11月以后进入越冬。

（二）防治方法

第一，4～5月间下午3～4时或晨露未干时捕杀成虫。

第二，6～7月间摘卵块，同时人工捕杀还未分散取食的1龄若虫。

第三，掌握在7月盛孵期至若虫3龄前喷90％敌百虫

500～600 倍液,另加 0.2％洗衣粉作展着剂,以提高药效,或用 50％敌敌畏 1000～1500 倍液喷杀。为防成虫喷药时飞逃,最好用多个喷雾器由园外围向中心同步喷药围歼。

十一、吸果夜蛾

(一)为害情况　吸果夜蛾是果实成熟期的重要害虫。成虫以刺吸式口器刺入果皮,吸取果汁液,被害处有刺吸痕(比角肩蝽象的吸痕大),伤口周围出现水渍状圆斑,并逐渐腐烂,致使落果严重。

为害甜橙的夜蛾种类很多,比较常见的有 10 几种,其中嘴壶夜蛾最为常见。嘴壶夜蛾每年发生 5 代,田间世代重叠,以幼虫越冬,9 月下旬至 10 月下旬为发生高峰期,11 月以后数量减少。成虫白天隐藏于荫蔽的地方,傍晚开始活动,一般以闷热、无风的晚上出现数量最多。山地小果园,以及早熟品种受害较严重,且多数为害近山林的果园边缘的果实。

(二)防治方法

第一,铲除果园附近的野生灌木丛,以减少幼虫寄生。

第二,果实开始变色转熟时,发现吸果夜蛾为害,可于傍晚以后到甜橙园中,捕杀为害果实的成虫。

第三,每 10 亩橙园设置 40 瓦黄色荧光管 6～9 支,驱避夜蛾为害。

第四,果实成熟期套袋保护,即用纸做成袋,在果实还没有被害时把果包好,纸袋要大于果实,套袋前做好锈蜘蛛等的防治工作。

十二、花蕾蛆

(一)为害情况　花蕾蛆成虫在花蕾上产卵,幼虫孵出后在花蕾内蛀食,使花蕾不能开放,这些花蕾比正常的要短粗,且颜色略带浅绿,受害花不能开放,或不能授粉与结果。

一年发生2代,第一代成虫在2月中下旬甜橙现蕾时发生,成虫用细长的卵管刺入蕾内产卵,孵化的幼虫在花蕾中蛀食。幼虫善跳跃,老熟后坠入土中化蛹。第二代成虫从3月下旬至4月上旬出现,幼虫为害较晚期的花蕾,以蛹在土中越冬。

(二)防治方法

第一,地面喷药,防治出土成虫上树产卵为害花蕾,一般在2月中旬前后,掌握成虫大量出土前5～7天或在花蕾有绿豆大小时,在柑橘园地面上喷1次400倍液的90%敌百虫液,或撒一层2.5%敌百虫粉,对前一年花蕾蛆为害严重的果园防治效果很好。在甜橙的现蕾期,成虫出土前每亩用0.5千克3%呋喃丹撒在土中毒杀,发现成虫出土较多时,在树冠喷90%敌百虫或50%杀螟松各800～1 000倍液,特别要抓紧在花蕾现白期及雨后的第二天及时喷药,可兼治花蓟马等害虫。

第二,摘除受害花蕾集中烧毁,以减少翌年为害。

第三,冬季翻耕与早春浅耕后压实土也可消灭部分害虫。

十三、蚱 蝉

(一)为害情况 蚱蝉的成虫用产卵器刺破枝条皮层造成许多刻痕,并产卵于枝条的刻痕内,使枝条的输导系统受到严重的破坏,有时受害枝条上部由于得不到水分的供应而枯死,被害的枝条多数是当年结果母枝,有些可能成为翌年结果母枝,故其为害不仅影响树势,同时造成产量损失。

雌虫6～7月间产卵于1～2年生枝条上的表皮下的组织内,每处产卵4～5粒,1根枝条上的卵多至百余粒,卵不及时孵化,要到明年4月前随枯枝落地而孵化入土,在土中经脱皮5次,生长期需数年,每年春暖后,土中若虫向上面移动,吸取树根液汁,秋凉后则深入土中,每年5月下旬起,若虫由土内爬出至树干离地 1 米以上处停留,不食不动,称为伪蛹,经 3～4 小时后,再蜕皮变成成虫,6 月开始产卵为害枝条。

(二)防治方法　5 月底至 6 月间,若虫出土时,于夜间在树干 1 米左右处捕捉出土的若虫;白天用粘物捕捉成虫;6～7 月间,在果园发现有枝条的叶萎蔫或干枯,可能是它的产卵枝或天牛为害枝条,要及时剪除。

十四、星天牛

(一)为害情况　星天牛成虫,咬食嫩枝皮层,或产卵时咬破树皮造成伤口,幼虫称为柱木虫,在根颈和根部蛀成许多孔洞,使树势衰退,叶片黄萎,常造成很大的损失。

一年 1 代,以幼虫在树干或根部越冬。4 月化蛹,4～6 月羽化成虫,5～6 月为羽化盛期,成虫在树冠上咬食树皮,于晴天上午及傍晚活动、交配、产卵。午后高温多停息在枝梢上,夜晚停止活动。一般在直径 7 厘米以上的大树树干近地面 3～7 厘米处产卵最多,产卵时先将树皮咬成 T 形或 L 形裂口,卵产其中。每雌虫一生可产卵 20～80 粒,产卵盛期为 5 月下旬至 6 月上旬。卵期 9～14 天,幼虫孵化后咬食树皮,伤口流出白色泡沫状胶质,招引苍蝇、弄蝶争相觅食。以后幼虫蛀入木质部,地面上可见一些虫粪时,表明蛀道不深,幼虫还在蛀口附近,且堵塞孔口的虫粪不大紧密,较易钩杀。若排出的虫粪纯为屑状物,幼虫尚未成熟;若为条状并杂有屑状物时则将近成熟;无虫粪排出时,幼虫已成熟,并进入静止状态,准备越冬。幼虫期长达 10 个月左右,蛹期 18～45 天。

(二)防治方法

第一,5～6 月成虫外出活动盛期,晴天在枝梢与枝叶稠密处,傍晚在树干基部,用人工捕捉成虫。

第二,预防成虫产卵,在树干基部于成虫产卵前用生石灰

5千克加硫黄 0.5 千克,水 20 升或生石灰 5 千克加石硫合剂渣 5 千克加水 20 升制成的涂白剂涂刷。树干基部成虫产卵前用黄粘土(经过过筛)10 千克,氧化乐果 150 克,加水 25 升制成的黄泥药涂刷效果也好。

第三,成虫盛发中后期,每隔 3～4 天检查 1 次,发现主干上有裂痕或胶液,及时刮除卵块或初孵化的幼虫。

第四,大树用黄泥浆涂树干,小树可以将树干基部的泥土扒开 3 厘米左右,在干周围撒上药粉或喷高浓度的药液,然后高培土,均有一定效果。

第五,发现树头附近有木屑状虫粪,可用铁丝钩杀或从洞口注入 50～100 倍敌百虫等农药,把幼虫杀死,如虫洞较深可用棉花蘸 20%乐果乳剂或敌敌畏等塞入蛀孔,用泥封口,熏杀幼虫。

十五、褐天牛

(一)为害情况 幼虫蛀食主干和主枝,称蛀木虫。一般在树干距地面 30 厘米以上的主干及主枝中蛀食成孔洞,受害轻的养分输送受到阻碍,受害重的整枝枯萎或全株枯死。

2 年才发生 1 代,7 月上旬以后孵化出的幼虫,于翌年 8 月上旬至 10 月上旬化蛹,10 月上旬羽化为成虫。产卵期有两个比较集中的阶段,即 5 月上旬和 7 月上旬。幼虫孵化后先在皮层下横向蛀食,外面有泡沫状黄色胶质流出。以后蛀食木质部,并排出虫粪。老熟幼虫在蛀入的洞里化蛹。

(二)防治方法

第一,合理修剪,保持剪口整齐,使枝干光滑,减少成虫产卵机会,并用粘土堵塞树洞,防止成虫潜入洞内。

第二,4～5 月于无风闷热晚上 8～9 时捕捉出洞的成虫。

第三,刮除卵粒及初孵化幼虫。

第四,钩杀或用农药毒杀成虫,方法与处理星天牛同。

十六、光盾绿天牛

（一）为害情况 光盾绿天牛又称枝条天牛。幼虫为害枝条为主,因其蛀食开始向上,等枝条枯萎即循枝梢向下蛀食,每隔一段距离即向外蛀一小圆孔洞,状如洞箫,故又称吹箫天牛。由于树枝被蛀空,使树生长势大大减弱。

一年发生 1 代,成虫 4～8 月初可见,5 月下旬至 6 月中旬较多,中午多栖息在枝间,晴天上下午均有交尾,交尾后当日或次日即可产卵,产卵以晴天中午为多,每头雌虫日产 3～8 粒,多至 10 粒,产卵期约 6 天,成虫寿命半个月至 1 个月。

卵产于枝梢末端的嫩枝分叉口,孵化时幼虫咬破卵壳底直接钻入小枝,先蛀食皮层 1 周,后蛀入木质部,被害枝梢枯死,再转身向下循小枝到大枝,以至幼树主干。每隔一定距离向蛀道外蛀孔洞,最后停留于最下一孔洞的稍下方。

（二）防治方法

第一,6～8 月间发现有枯枝要立即剪除,避免幼虫蛀入大枝为害。

第二,5 月下旬至 6 月中旬,利用成虫在晴天中午以及阴天多栖息在枝丫处的习性,进行人工捕捉成虫。

第三,根据幼虫在最后一个虫洞稍下部位,可利用注射器等将药液注入蛀道内毒杀幼虫。

十七、恶性叶虫

（一）为害情况 恶性叶虫又叫恶性叶甲。幼虫、成虫为害柑橘嫩枝、新叶、花和幼果。成虫呈卵圆形蓝黑色,如芝麻粒大小,善跳跃,有假死性,一年 4～5 代,其中以春芽期为害较为严重,以蛹、成虫在树干裂缝处或松土中越冬。

（二）防治方法

第一，冬季结合修剪，清除地衣苔藓及枯枝，封闭树干孔隙或涂白，也可结合防治介壳虫，喷松脂合剂10倍液于树干上，消灭越冬成虫。

第二，春梢期间，幼虫孵化达50％左右时，即喷90％敌百虫800～1 000倍液，80％敌敌畏乳剂1 000～1 500倍液1～2次，消灭幼虫，或用2.5％溴氰菊酯乳剂或5％可湿性粉剂500～1 000倍液，防治幼虫或成虫。

十八、潜叶蟓

（一）为害情况　潜叶蟓又叫橘潜叶甲、潜叶虫、红色叶跳虫。一年发生1代。成虫体长3～3.7毫米，宽1.7～2.5毫米，头及前胸黑色，翅鞘及腹部均为橘黄色。越冬成虫在4月上旬开始活动，喜群居，善跳跃，有假死性。成虫取食嫩芽嫩叶，产卵于嫩叶叶背或叶缘上。幼虫孵化后即钻入叶内，蜿蜒取食前进，新鲜的虫道中央有幼虫排泄物形成1条黑线。幼虫老熟后深黄色，多随叶落下，在树干周围松土中作蛹室化蛹。山区橙园较常见，果园边行常受害严重。

（二）防治方法

第一，春梢前可在树干周围的土壤撒施农药消灭成虫。

第二，在越冬成虫恢复活动时摇树捕杀震落的成虫。

第三，在成虫活动盛期和第一龄幼虫发生期用90％敌百虫1 000倍液喷树冠。

第四，药剂防治。最好在幼虫3龄以前喷药，有效农药有90％敌百虫800倍液、10％灭百可乳油3 000～4 000倍液、50％辛硫磷500～1 000倍液。

十九、象鼻虫类

（一）为害情况　为害甜橙的象鼻虫有多种,其中以泥翅象鼻虫和粉绿象鼻虫为害比较普遍。成虫为害嫩梢老梢的叶片,被害叶片的边缘呈缺刻状,幼果受害后果面出现不正常的凹入缺刻,严重的引起落果。为害轻的尚能发育成长,但成熟后果面呈现伤疤,也大大影响果实品质。

象鼻虫一年1代,以幼虫在土内过冬,翌年清明前成虫陆续出土,爬上树梢。食害春梢嫩叶,4月中旬至5月初开始为害幼果。

（二）防治方法

第一,每年清明以后成虫渐多,进行人工捕捉。方法是在中午前后于树下铺上塑料薄膜,然后摇树,成虫受惊即掉在地下的薄膜上,集中杀死。盛发期每3～5天捕捉1次。

第二,清明前后用胶环包扎树干阻止虫上树,并随时将阻集在胶环下面的成虫收集处理,至成虫绝迹后再取下胶环。

胶环的制作:先以宽约16厘米的硬纸(牛皮纸、油纸等)粘在树干或较大主枝上,再在硬纸两端用麻绳扎紧,然后再在纸上涂以粘虫胶。虫胶的配方为:松香3千克,桐油(或其他植物油)2千克,黄蜡0.1千克。先将油加温到120℃左右,再将研碎的松香慢慢加入,边加边搅,待完全溶化为止,最后加入黄蜡充分搅拌,冷却待用。

第三,药剂防治。以50％敌百虫乳剂500倍液,90％晶体敌百虫800～1000倍液喷射。也可以用50％杀螟松乳剂800倍液,或80％敌敌畏800～1000倍液喷杀。

二十、金龟子类

（一）为害情况　为害甜橙的金龟子种类很多,有铜绿金龟子、茶色金龟子等。成虫咬食嫩叶、花、幼果。白天潜回土中,于黄昏后出土,进行交尾活动和取食,有假死性及趋光性。每年清明前后发生较多。幼虫称蛴螬,会咬食树根。

（二）防治方法

第一,黄昏后,持火把或手电筒捕捉成虫。

第二,在傍晚用敌百虫、乐果、敌敌畏各 600～800 倍液喷杀。

第三,灯光诱杀成虫,黑光灯、电灯、火堆诱杀效果都好。

第十章　甜橙的采收、分级、 贮藏保鲜与加工

第一节　采　收

甜橙的采收是柑橘生产的最后一环,同时又是产后处理的开始。采收质量的好坏是甜橙商品经营、贮藏、运销工作成败的关键,同时也直接影响翌年产量,因此,必须高度重视。

一、采收时期

采收时期依品种、树龄、土壤、气候条件及农业技术措施等而异,应根据果实的成熟度来决定。据测定,未成熟果实体积增大的速度每天可达 1～1.5％,故过早采收会导致减产 10～15％。同时果实的内含物也未达到最适程度,以致影响果品质量和产量。采收过迟,也会降低品质,增加落果,容易腐烂,不耐贮藏。

甜橙果实成熟的标志是果汁增多,果汁中含酸量减少,含糖量增加,果皮及果肉着色,组织变软,果皮芳香物质形成,油胞充实,蜡质增厚等。有的以固酸比作为成熟的标志,如湖北

甜橙的固酸比为 8：1,四川甜橙为 10：1,广东甜橙为 12：1。美国加利福尼亚州法定甜橙果汁的固酸比为 8：1,只有达到这一要求才允许采收。

二、采收工具及方法

（一）采收工具　应以就地取材,轻巧耐用,不伤果实为原则。主要工具如下:

1. 采果剪　为防止柑橘果皮的机械损伤,采摘时应齐果蒂剪取。甜橙采果剪采用剪口部分弯曲的对口式果剪。

2. 采果篓或袋　采果篓一般用竹篾或荆条编制,为随身携带的容器,有圆形和长方形等形状。应里面光滑,轻便坚固,不伤果皮。必要时篓内应衬垫棕片或厚塑料薄膜。也有用布制成的袋,容量约装 5 千克,以便于采果人员随身携带。

3. 装果箱　用于装运果实。有用木条制成的箱,也有用竹编的篓或筐,这种容器要求光滑、干净,最好有衬垫。

5. 采果梯　采果梯最好用双面梯,既可调节高度,又不会因紧靠树干损伤枝叶、果实。

（二）采收方法及注意事项　采果时应从树体最低和最外围的枝条开始逐渐向上和向内采摘。要尽量避免人为的机械损伤,以提高好果率。采收前 3～4 周应订好采收工作计划,精确估计柑橘单位面积产量、成熟期、成熟度、所需劳动力、采果用具及运输工具等。

采果要选适宜的天气进行。如在晴天太阳比较猛烈下进行,则果温高,促进呼吸作用,降低贮运品质;如在雨露中进行,则果面水分过多,容易使病害发生。用于贮藏的果,严禁雨天或雨后马上采收。因此采收最好在温度较低的晴天早晨露干以后进行。

采收过程中要严格执行操作规程,做到轻摘、轻放、轻装、轻卸。采果者采果前不宜饮酒,指甲要剪平,最好戴上手套。采下的果实应轻轻倒入有衬垫的筐内,不要乱摔乱丢。果篓和果筐内每次都不要盛得太满,以免滚落,压伤。倒篓、转篓都要轻拿、轻放。要注意尽量减少倒动次数,防止造成碰伤、摔伤。

第二节　分级与包装

为了提高甜橙果实的商品质量,使其具有竞争能力,必须将果实按不同品种、大小、轻重、色泽、形状、成熟度,以及病虫害和机械损伤程度分成若干个等级,称为分级。

内销果实的分级标准,根据中华人民共和国商业部标准GH014—83执行。果品必须健壮,无萎蔫现象;具该品种成熟期固有的色泽,风味正常,果蒂完整,蒂梗剪截整齐;果面清洁,不得沾染泥土或被外物污染;果实丰富不得有枯水、浮皮现象。按部标准将甜橙果实分为一级、二级、三级 3 个等级(表14)。而外销果实,应按进口国家的标准严格分级。

表14　甜橙果实分级横径标准 （毫米）

品　　种	横　径　长　度		
	一　级	二　级	三　级
脐　　橙	65～85	60 以上	50 以上
化 州 橙	65～90	60 以上	50 以上
普通甜橙	65～90	60 以上	50 以上
雪　　柑	65 以上	55 以上	50 以上
锦　　橙	60 以上	55 以上	45 以上
夏　　橙	60 以上	55 以上	45 以上
血　　橙	60 以上	55 以上	45 以上
柳　　橙	55 以上	50 以上	45 以上
冰 糖 橙	55 以上	50 以上	45 以上

甜橙果实分级后,如因内销、出口或其他用途需要转运、贮藏,都必须进行细致的包装。果品包装的目的是为了保护鲜果,便于贮藏、运输和销售,提高商品价值。包装的材料依各产地实际情况而定,但如能选用相对统一的、印刷美观的包装箱,会有利于提高商品的市场竞争能力。

第三节 保鲜与贮藏

一、预贮(发汗)

甜橙果实采收后在田头或运到包装厂保鲜处理。由于刚采下的果皮鲜脆,容易受伤,因此,在包装之前必须预先在温暖通风处经过短期的贮藏。预贮有愈伤、催汗和预冷的作用。最理想的预贮温度 7℃,相对湿度 75%。如有条件也可以安装冷却装置,加速降温降湿,提高预贮效果。通常甜橙果实以预贮 2～3 天、失水 3% 左右,手按果皮略有弹性为宜。阴雨天采收的饱水果预贮时间应相应延长,以防止产生生理病害。

二、贮前处理

供贮藏的果实经预贮后,进行第一次选果,将浮皮果、污泥果、畸形果、病虫果、落地果、伤残果和果柄过长的剔除。

三、保鲜处理

采果后,应及时进行防腐处理。不少研究工作者发现:药液浸果实越早,贮藏中防腐效果就越好。国外也有类似的报道,如有的国家要求采果后 24 小时内药剂处理完毕,因此,果实采收后有的在田头浸药,有的运回随即用药剂处理。

常用的化学防腐剂有多菌灵(化学名称为苯并咪唑－2－基氨基甲酸甲酯)、托布津[化学名称为 1,2－二(3－甲氧羰基－2－硫脲基)苯]、2,4-D(化学名称为 2,4 二氯苯氧基乙酸)和橘腐净等。在较长期的简易贮藏中,使用 0.1%浓度的托布津或多菌灵和 200~250 ppm 2,4-D 混合液处理,普遍反映贮存效果较好。橘腐净系河北农业大学在研究仲丁胺的基础上,研制而成的一种广谱表面杀菌剂,对柑橘青霉、绿霉菌等多种真菌孢子的萌发和菌丝生长有抑制作用,因而对多种水果和蔬菜贮藏期病害有良好的防治效果。

除化学防腐外,近年新兴的还有物理防腐,目前应用较广的是辐射防腐。辐射防腐不存在有害后果,是值得大力推广的一种防腐方法。以色列用高频电离辐射 5 万~10 万拉德照射夏橙,贮藏在温度 17℃、相对湿度 88%的环境中,可以完全控制青霉菌、绿霉菌孢子的生长。

甜橙果实在贮藏期间由于水分的挥发,果实重量会逐渐减轻,一般损失其原有重量 5%的水分时就明显地呈现萎蔫状态。果实萎蔫后,其正常的呼吸作用受到破坏,常常会加速果实衰老,或者引起生理病变而变质。同时在失水干燥的条件下贮藏甜橙果实,会产生枯水现象。因此,如何保持果实水分,亦是提高贮藏效果的主要问题之一。应用果面覆草(松针、茅草、稻草等)、覆纸(油纸、蜡纸、白纸等)和覆膜(薄膜、地膜、低压膜)等,具有较好的保鲜效果。近年来应用药液洗果和薄膜包果,借助药液杀菌和薄膜隔绝水分蒸发、气体交换及防病菌入侵等多重作用,可达到防腐、保鲜的双重作用。西班牙用聚氯乙烯薄膜单果包装夏橙、脐橙,果品品质比涂蜡处理的好。防腐果面覆盖剂的应用,也是近年来新兴的一种防腐保鲜方法。按乳剂的主要成分分,国外有蜡胶乳剂、明胶乳剂、淀粉乳剂、高级蛋白乳剂、脂肪酸乳剂等。我国以前多用虫胶乳剂,近年研制出液态膜乳剂。应用较广的有京 2B 液态膜剂。这种膜剂具有隔水、隔氧和抑菌 3 大作用。

四、贮藏方法及管理

甜橙的贮藏方法有简易常温贮藏、地窖或地库贮藏、通风贮藏库贮藏、机械冷库贮藏等方法。这些贮藏方法各有其优缺点，各地可依实际情况加以选择。

贮期的管理，主要应根据贮藏环境的条件和特点，经常注意调节库内的温度、湿度和气体成分，温度以 3℃较好，相对湿度应控制在 80～90％以内。在地下库等荫蔽场所，有时湿度会达到饱和程度，所以建库时要选择干燥地点，同时注意降低湿度。由于果实的生理代谢活动，贮藏一段时间后，贮库内二氧化碳、乙烯等气体及其他挥发性物质浓度会逐渐增加，因此，要注意库内的通风换气，并应与调节库温一起进行。同时要经常检查，及时把腐烂的果实剔除。

五、贮藏病害防治

甜橙果实在贮藏中的病害主要有青霉、绿霉、黑腐和酸腐等。青绿霉病是甜橙果实在贮藏运输中发生最多和危害最大的病害。蒂腐病是甜橙果实贮藏中后期病害。主要防治措施为：①加强果园管理，增强树势。②采前喷 50％多菌灵 150 倍液，采后用 2,4-D 加杀菌剂处理，使果蒂保持新鲜，增强抵抗力。③及时取出无蒂果，可明显减少贮藏后期的蒂腐病。

酸腐病发生严重时，整个果实溃烂和流水，带有强烈的酸臭味。其防治措施在于：①精细采收，减少果实机械伤；②及时翻果检查，发现腐果立即取出，并清除病果流出的汁液；③采后及时用防腐药液洗果。

第四节　加工与综合利用

甜橙不仅鲜食美味可口，同时也是加工的好原料。甜橙果实加工最主要的产品为橙汁,同时还可以做果酱、果冻,提炼香精油、果胶和加工成饲料等几大类。橙汁及其饮料不仅色味俱佳,而且营养丰富,深受人们的喜爱。目前柑橘汁已占柑橘加工产品的 90% 以上,而橙汁产量又占柑橘汁的 85% 左右。

一、橙汁加工

（一）加工方法　甜橙果实在加工过程中被破碎或压榨时,果实内汁胞壁遭受破损,汁液从中流出,这就是天然的橙汁也叫原汁。在此基础上脱水浓缩,除掉一部分水分,即为天然浓缩汁。橙汁除可直接饮用外,还可作为制作果汁饮料、汽水、汽酒、果酒、果冻、果露、糖果、果晶等的原料。

橙汁制作的工艺流程是:

原料卸载→检选→贮存→洗果→分级→榨汁→精制→调配→脱气→巴氏杀菌→原汁罐装→密封→冷却→装箱
　　　　　　　　└→ 浓缩→冷却→调配→冷冻→装罐

1. 原汁加工方法

（1）选果和洗涤　选果主要是选除霉烂果、病虫果以及外来杂质,以免微生物污染果汁,影响果汁的风味。原料榨汁前必须洗涤,这也是减少农药及微生物污染的重要措施。

（2）榨汁　通常采用去皮压榨、锥汁榨和全果压榨 3 种方法。橙外果皮中因含有大量皮精油,其味辛辣。中果皮、内果皮以及种子含有柠碱前体,加热后转化为极苦的柠碱。所以对于果皮不易剥离的甜橙宜先行磨油,再将果实横切成两半,然后用锥汁器挤出果汁,这种榨汁方法效率较低。美国富美实公司生产的柑橘全果压榨机,生产效率高,有条件的地方可以采用。

（3）精制　初榨出的果汁含有较多的汁胞壁、囊衣和种皮等碎屑,必须将其除去。常用的果汁过滤器有两种:一种是螺旋榨汁机,如国产的 GT6G7 型,美国产的 FMC UCF-200 型和 BROWN 2503 型。先进的原汁生产线同时运用这两种机器精制果汁,尤其是需要浓缩的果汁,一般先用螺旋榨汁机精制,再用离心机精制,经两级精制的果汁容易浓缩。同时精制也可以用 80～100 目的绢布或尼龙布振荡过滤。

(4)调配 调配的目的有两个:①调整果汁的糖酸比、色泽、香气等;②根据成品果汁的特殊需要投放添加剂。调配一般都在带搅拌器的搅拌桶中进行,并且一定要搅拌均匀。

(5)脱气 果汁组织中含有较多的空气,在加工过程中又有空气混入果汁,空气中的氧破坏维生素、色素和香气,尤其是在加热杀菌和贮藏等过程中,会造成更大的损失。因此,在杀菌之前,要尽可能排除果汁中的氧气。脱氧有真空法、氮气交换法、酸法和抗氧化法等。

(6)杀菌 一般采用巴氏杀菌法灭菌杀酶,以保持果汁的品质。巴氏杀菌法的灭菌公式为 30～60 秒/90～95℃。可选用热效率高的板式或管式灭菌器。最近,一些学者采用高压法杀灭微生物,同热力杀菌相比,优点在于能保持果汁的成分,色、香、味几乎没有破坏,缺点是不能同时使酶完全钝化。

(7)装罐 灭菌后的果汁,应尽快装罐。过去大多采用热装罐,即趁热装入铁罐后快速冷却到 40℃,目前大都采用无菌包装法,即利用板式热交换器把杀菌后的果汁速冷至 40℃以下,在无菌条件下立即装入消毒过的包装容器中,直接运销市场,或放入冷库中贮藏。

2. 浓缩汁加工方法 浓缩汁加工过程中要尽可能地减少果汁中有效成分(如糖、酸、维生素)、香气和色泽的损失,使浓缩汁加水复原后,达到鲜原汁的品质标准。过去曾采用于口锅加热蒸发果汁中的水分，由于温度高，时间长，容易导致维生素 C 损失，香气挥发，色泽变褐，风味变差等。近期大多采用冰冻浓缩法、真空浓缩法和膜浓缩法。还有人在研究把真空蒸发同膜技术结合起来，发展成一种膜蒸馏浓缩系统。冰冻浓缩橙汁是世界上最主要的浓缩果汁产品，一般以固形物含量为 65％ 的商品流通，也有固形物含量为 42％ 的商品。

二、综合利用

综合利用一般是指柑橘加工副产品的生产。有资料表明，橙汁副产品的产值可相当于甚至超过橙汁的产值，因此，应重视橙汁加工的综合利用，才能获得更好的经济效益。

（一）甜橙香精油 柑橘香精油是工业最重要的天然原料之一，广泛应用于食品和日用化学工业等方面。从甜橙中提取的香精称为甜橙香精油。提取香精油有冷磨、冷榨和蒸馏 3 种方法。限于篇幅，提取方法略。

（二）果胶 甜橙果皮富含果胶，是制取果胶的理想原料，世界上商品果胶的 70％ 都是从柑橘果皮中提取的。果胶产品有果胶液、果胶粉和低甲氧基果胶粉 3 种。果胶用途广泛，除可作食品工业上的优良乳化剂、稳定剂和增稠剂外，还具有促进血液凝固，降低胆固醇，治疗痢疾、便秘和促进消化等作用，还可用于牙膏、香脂等化妆品和纺织品、石油化工等行业。

（三）橙皮苷 橙皮苷主要存在于果皮和橘络中，难溶于水，易溶于碱液、甲醇和乙醇等。橙皮苷主要用于医药行业，经甲基化配制成药，对防止动脉粥样硬化、心肌梗塞、流血不止等有良好疗效，精制后配制成注射药，对治疗血管粥样硬化疗效显著。被加氢还原后，成为橙皮葡萄糖苷二氢查尔酮，甜度为蔗糖的 300 倍，被认为是很有希望的新型甜味剂。

（四）**种子油**　新鲜甜橙种子含油脂高达 20～25％。种子油可作为制造肥皂的原料，又可用以制成磺化油用于纺织工业。进一步精炼后，可食用。氢化后还可制造人造奶油。柑橘种子油饼还可用于提取维生素 E、甾醇和蛋白质等。

（五）**其他加工品**　甜橙果实加工制汁后，要剩下相当于投入量大约 40～50％ 的皮、肉渣和种子，除上述用途外，大部分皮渣都可用作饲料。干皮渣饲料有丰富的营养，同玉米相比，其干物质、粗纤维、游离态氮钙镁钾钠铁的含量均优于玉米。其饲喂效果与粮食饲料相比，没有明显的差异。另外，还可从橙皮中提取橙皮苷。此外，可用水洗法从果肉渣中回收可溶性固形物，浓缩后得糖浆，再用其制作发酵产品如酒、酒精、醋、食用酵母等。还可以从橙皮渣中提取饮料混浊剂，制作食用橙皮粉。甜橙皮渣中含有大量维生素，特别是维生素 C 含量丰富。因此，甜橙果实的综合利用是很有前途的。

附录一 四川甜橙栽培工作历

月份	节气	物候期	作 业 要 点
1	小寒 大寒	花芽分化	①幼树整形修剪；②苗圃中耕除草；③成年树冬季修剪；④清园，整理沟渠，预防晚熟甜橙落果
2	立春 雨水	发芽	①整理作厢；②砧木播种；③开始嫁接；④秋季嫁接苗第一次剪砧；⑤施催芽促梢肥；⑥血橙采收；⑦衰老树更新修剪
3	惊蛰 春分	春梢生长 显蕾	①松土除草；②切接，腹接；③翻压冬季绿肥；④旱时灌水中耕；⑤成年树靠接
4	清明 谷雨	花期	①中耕除草；②检查嫁接成活率与补接；③春嫁接苗第一次剪砧，扶直；④播种夏季绿肥；⑤晚熟甜橙采收
5	立夏 小满	落果 夏梢抽生	①中耕除草，疏渠排水，注意排水保土；②砧苗移植，检查嫁接成活率，补接；③幼树抹芽芽；④施稳果肥；⑤喷尿素加2,4-D或硼肥，稳花稳果
6	芒种 夏至	夏梢抽生	①苗圃中耕除草，施肥；②苗圃摘除萌蘖，整枝摘心；③砧木苗栽植，秋接苗第二次剪砧；④幼树夏梢摘心，幼年结果树继续抹夏梢；⑤成年树夏剪
7	小暑 大暑	生理落果停止 果实膨大	①苗圃施肥，灌水抗旱，中耕除草，摘除萌蘖；②春接苗第二次剪砧；③幼树追肥促发秋梢；④成年树防旱、抗旱，注意水土保持；⑤成年树继续夏剪
8	立秋 处暑	秋梢抽生 果实膨大	①苗圃灌水抗旱，施肥，摘除萌蘖；②开始芽接，腹接；③幼树追肥壮梢，喷药保梢；④翻压夏季绿肥；⑤成年树重施基肥
9	白露 秋分	果实膨大	①苗圃灌水，中耕除草，摘除萌蘖，芽接，腹接；②砧木苗秋季移植；③苗木出圃；④播冬季绿肥；⑤幼年结果树追肥，促进花芽分化；⑥环剥促花
10	寒露 霜降	果实开始着色	①苗圃中耕除草，摘除萌蘖，砧木间苗，秋季移植；②苗木出圃；③做好采果准备
11	立冬 小雪	果实着色成熟 花芽分化	①苗圃中耕除草，枳砧播种；②幼树施肥，深翻改土，整形修剪；③采果；④预防晚熟甜橙落果，喷2,4-D 60 ppm
12	大雪 冬至	果实成熟 花芽分化	①幼树整形修剪；②继续深翻改土；③采果，果实贮藏；④采后施肥，开始冬剪；⑤预防晚熟甜橙落果；⑥培土

附录二　广东甜橙栽培工作历（以暗柳橙为例）

月份	节气	物候期	作 业 要 点
1	小寒 大寒	花芽分化	①苗圃嫁接准备,大寒后开始嫁接;②幼年树深翻改土扩穴;③成年树剪除枯枝病枝,深翻改土扩穴或全园翻土
2	立春 雨水	春芽萌发	①嫁接;②幼树、成年树施催芽肥;③春芽萌发前定植
3	惊蛰 春分	春梢生长期 盛花期	①查芽补接;②幼年树根外追肥,间种豆科绿肥;③幼树定植准备;④成年树根外追肥;⑤溃疡病区新梢停止伸长前喷药预防
4	清明 谷雨	谢花期 幼果形成期	①嫁接苗施肥,移栽砧木;②幼树追肥壮梢,春植幼树;③成年树施谢花稳果肥;④喷生长素及微量元素保果
5	立夏 小满	生理落果 夏梢萌发期	①嫁接苗放2次梢,夏季嫁接;②幼树摘除零星夏梢,施夏梢肥;③幼年结果树抹夏梢保果;④成年树追施钾肥;⑤注意排除田间积水
6	芒种 夏至	夏梢生长期 生理落果	①嫁接苗施肥,加强排水,夏接苗解膜,移栽砧木;②幼树放夏梢;③幼年结果树继续抹夏梢,防止落果;④山地甜橙夏梢作结果母枝的施攻梢肥
7	小暑 大暑	秋梢萌发期	①嫁接苗剪顶前施重肥;②移栽苗施肥;③幼树施肥壮夏梢,促秋梢;④成年树攻梢肥;⑤防旱,保水,夏剪
8	立秋 处暑	秋梢生长期 果实膨大	①嫁接苗剪顶放梢;②幼树摘除秋梢,深翻改土扩穴;③成年树施攻梢肥,放秋梢
9	白露 秋分	果实膨大期 秋梢老熟	①嫁接苗剪顶后施肥,移栽苗加强肥水管理,红檬檬播种;②幼树施壮梢肥,放秋梢,继续深翻改土;③成年树施壮梢、壮果肥,防旱保湿
10	寒露 霜降	果实迅速膨大	①春接苗出圃,移栽苗加强肥水管理;②幼树防旱、保湿;③秋植幼树;④成年树防旱、保湿
11	立冬 小雪	果实着色 成熟 花芽分化	①春接苗继续出圃,夏接苗出圃,橘类播种;②幼树适当控水,防吐冬梢;③冬植幼树;④成年树施果前肥,护果,开始采果
12	大雪 冬至	果实成熟 花芽分化	①橘苗防寒,移栽苗保湿;②幼树深翻改土扩穴,重施农家肥料;③成年树采果,施果后肥,清园,深翻改土扩穴;④平地橙园培土

附录三　湖南甜橙栽培工作历

月份	节气	物候期	作 业 要 点
1	小寒 大寒	花芽分化	①苗圃防旱、防寒；②维修梯田，清理水沟；③清除杂草、落叶，挖去死树；④防冻；⑤绿肥管理，积肥造肥
2	立春 雨水	花芽分化	①接穗准备；②注意防旱、防寒；③施芽前肥，雨水后开始修剪；④注意防寒、防旱、防雪
3	惊蛰 春分	春芽萌发	①苗圃整地做畦，移植，嫁接，出圃；②幼年树施芽前肥，整形修剪；③成年树修剪、施肥；④翻耕土，翻埋冬季绿肥；⑤修整排灌系统
4	清明 谷雨	春梢抽生 现蕾	①苗圃松土、除草、施肥，嫁接；②翻压冬季绿肥，播种夏季绿肥；③幼树追施速效性氮肥；④苗圃抹芽除萌，摘除花蕾
5	立夏 小满	第一次落果	①苗圃施肥、除萌、除草、松土；②幼树追施氮磷肥，抹芽，去零留整；③成年树除草松土，弱树或多果树施肥，根外喷施激素
6	芒种 夏至	第二次落果 夏梢抽生	①检查嫁接苗，当年生幼苗移植，除萌；②幼树抹芽摘心；③成年树根外追肥及激素保果
7	小暑 大暑	夏梢抽生 定果	①嫁接苗解膜，整形，除草松土；②幼树压夏绿肥，扩穴深施肥；③成年树夏梢摘心、除萌、施壮果促梢肥
8	立秋 处暑	秋梢抽生 壮果	①苗圃整枝除萌，除草松土；②幼树抹芽、去零留整，灌水、施肥；③成年树抗旱、防旱，酌施壮果肥，积肥造肥
9	白露 秋分	秋梢自剪 果实膨大	①芽接，除萌，除草松土；②幼树扩穴深施肥，抗旱灌水，中耕松土；③成年树扩穴，施肥改土
10	寒露 霜降	果实成熟 花芽分化	①苗圃芽接，除萌，除草松土；②播种冬季绿肥；③防旱，防止裂果；④成年树抹除晚秋梢，扩穴施肥改土；⑤贮藏果采前喷药
11	立冬 小雪	采果 花芽分化	①苗圃防寒，除草松土；②幼树追施氮磷钾肥，中耕除草，采果；③成年树采果并及时施肥，抹除晚秋梢，扩穴，施肥改土；④成年树于下旬开始树干刷白，树盘培土
12	大雪 冬至	花芽分化	①苗圃防寒、防旱；②清园，防寒、防旱，培土、灌水；③积肥，修水利

主要参考文献

1. 华南农业大学主编《果树栽培学各论》(南方本)上册,农业出版社,1981
2. 中国农业科学院柑橘研究所《柑橘栽培》,农业出版社,1986
3. 沈兆敏等编著《优质柑橘丰产技术》,四川科学技术出版社,1992
4. 沈兆敏等编著《柑橘生产技术手册》,四川科学技术出版社,1989
5. 沈兆敏等编著《中国柑橘区划与柑橘良种》,中国农业科学出版社,1988
6. 俞德浚编著《中国果树分类学》,农业出版社,1979
7. 刘孝仲著《甜橙栽培生理学基础》,江西科学技术出版社,1985
8. 贺善文主编《柑橘手册》,湖南科学技术出版社,1988
9. 张文湘等《伏令夏橙》,四川科学技术出版社,1988
10. 李顺望《冰糖橙栽培技术》,湖南科学技术出版社,1990
11. 李祯荪《甜橙》,科学普及出版社广州分社
12. 张秋明等编著《脐橙高产栽培技术》,湖南科学技术出版社,1992
13. 吴金虎等《脐橙早果丰产新技术》,天津教育出版社,1993
14. 黄德灵等《柑橘生产手册》,福建科学技术出版社
15. 彭成绩《柑橘栽培技术问答》,广东科学技术出版社,1985
16. 彭成绩《柑橘病虫害防治》,科学普及出版社广州分社,1989
17. 黄淑蓉等《广东柑橘栽培技术与病虫害防治手册》,1986
18. 全国柑橘制标小组《鲜柑橘》,中华人民共和国商业部标准(GH 014−83)),1983
19.《柑橘营养诊断与施肥论文集》,上海科技出版社,1993
20. 丁锡文《柑橘的矿质营养》(第一集)农业部教育局,华中农学院,1981
21. 中川昌一(日)著曾骧等译《果树园艺原论》,农业出版社,1982
22. 石健泉编著《广西柑橘品种图册》,广西人民出版社,1988

金盾版图书,科学实用,
通俗易懂,物美价廉,欢迎选购

果树壁蜂授粉新技术	6.50元	鲜	20.00元
果树大棚温室栽培技术	4.50元	果品产地贮藏保鲜技术	5.60元
大棚果树病虫害防治	16.00元	干旱地区果树栽培技术	10.00元
果园农药使用指南	14.00元	果树嫁接新技术	5.50元
无公害果园农药使用		落叶果树新优品种苗木	
指南	9.50元	繁育技术	16.50元
果树寒害与防御	5.50元	怎样提高苹果栽培效益	9.00元
果树害虫生物防治	5.00元	苹果优质高产栽培	6.50元
果树病虫害诊断与防治		苹果新品种及矮化密植	
原色图谱	98.00元	技术	5.00元
果树病虫害生物防治	11.00元	苹果优质无公害生产技	
苹果梨山楂病虫害诊断		术	7.00元
与防治原色图谱	38.00元	图说苹果高效栽培关键	
中国果树病毒病原色图		技术	8.00元
谱	18.00元	苹果高效栽培教材	4.50元
果树无病毒苗木繁育与		苹果病虫害防治	10.00元
栽培	14.50元	苹果病毒病防治	6.50元
无公害果品生产技术	7.00元	苹果园病虫综合治理	
果品优质生产技术	8.00元	(第二版)	5.50元
果品采后处理及贮运保		红富士苹果高产栽培	8.50元

　　以上图书由全国各地新华书店经销。凡向本社邮购图书或音像制品,可通过邮局汇款,在汇单"附言"栏填写所购书目,邮购图书均可享受9折优惠。购书30元(按打折后实款计算)以上的免收邮挂费,购书不足30元的按邮局资费标准收取3元挂号费,邮寄费由我社承担。邮购地址:北京市丰台区晓月中路29号,邮政编码:100072,联系人:金友,电话:(010)83210681、83210682、83219215、83219217(传真)。